L'ART,

DE FABRIQUER ET D'AMÉLIORER

LES CUIRS ET LES PEAUX

DE TOUTE ESPÈCE.

IMPRIMÉ PAR E. DÉZAIRS, A BLOIS.

L'ART

DE FABRIQUER ET D'AMÉLIORER

LES CUIRS ET LES PEAUX

DE TOUTE ESPÈCE,

OU

TRAITÉ HISTORIQUE ET PRATIQUE RÉDIGÉ SUR LES NOTES ET DOCUMENTS FOURNIS PAR MM. SALLERON, MEMBRE DE LA CHAMBRE DES DÉPUTÉS, CHEF DE LÉGION DE L'EX-GARDE NATIONALE, TANNEUR, ETC,; GOUGEROT, ET AUTRES FABRICANTS LES PLUS DISTINGUÉS DE LA CAPITALE ET DES DÉPARTEMENTS;

PAR M. A.-M. DESSABLES,

AUTEUR DE DIFFÉRENTS OUVRAGES;

CONTENANT :

L'ART DU TANNEUR, L'ART DU CORROYEUR ET L'ART DE L'HONGROYEUR.

NOUVELLE ÉDITION,

AUGMENTÉE DE L'ART DU MÉGISSIER, DE L'ART DU PARCHEMINIER, DE L'ART DU MAROQUINIER, DE L'ART DU CHAMOISEUR, DE L'ART DU BOYAUDIER.

Plus des observations sur la nature et le choix des écorces, et la nomenclature des substances qui peuvent remplacer le TAN.

Avec des planches et une table alphabétique des matières, contenant l'explication des termes.

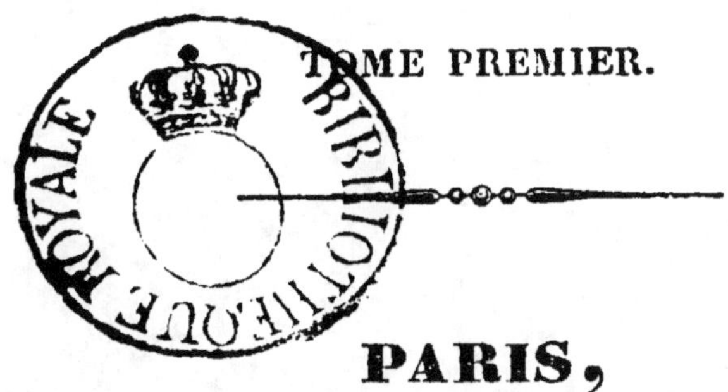

TOME PREMIER.

PARIS,

A LA LIBRAIRIE HISTORIQUE ET ENCYCLOPÉDIQUE DES ARTS ET MÉTIERS, RUE DE LA HARPE, N° 11.

1830.

TRAITÉ

SUR

L'ART DU TANNEUR,

DU CORROYEUR, DE L'HONGROYEUR,

DU CHAMOISEUR, DU MÉGISSIER;

DU MAROQUINIER, DU PARCHEMINIER, ETC.

INTRODUCTION.

Au moment où la France se prépare à la guerre, où toute la population s'arme, notre livre acquiert une nouvelle importance. Comme aux premiers temps de la révolution française, on improvise, à l'aide de procédés nouveaux, la fabrication des cuirs de toutes espèces, matière indispensable aux troupes de toutes armes.

Les Séguin, les Salleron, et tant d'autres, ont fait leur fortune en employant des procédés chimiques inconnus dans l'ancien régime; c'est aujourd'hui pour nous un hommage à la patrie de venir les révéler dans ce traité, *relatif aux cuirs et aux peaux.*

Nous répéterons ce que nous avons dit dans notre première édition que, considéré soit sous le rapport de l'utilité générale, soit sous celui de l'intérêt commercial, l'art de fabriquer et de perfectionner les cuirs et les peaux de toute espèce, est une des branches les plus importantes de notre industrie. Cet art, depuis quelques années surtout, a fait, comme bien d'autres, des progrès tels, que non seulement nos cuirs en général, peuvent soutenir avantageusement la concurrence avec ceux fabriqués dans les différentes contrées de l'Europe, mais que nos cuirs appelés cuirs forts, ou à la façon de Liége, l'emportent même sur ceux qui viennent de l'Angleterre. Lors de l'exposition des produits de l'industrie française, qui eut lieu en 1819, on put se convaincre par l'examen des peaux de toutes espèces corroyées, qui y furent étalées, qu'il n'est guère possible de porter plus loin le perfectionnement en ce genre. Les expositions de 1823 et de 1827 en ont été de nouvelles preuves. L'usage journalier prouve que nos cuirs de Hongrie, ou façon de Hongrie, sont aussi d'une excellente qualité. Ces améliorations sont incontestablement dues aux nouveaux procédés employés pour la fabrication, et ces procédés ne se trouvent dans aucun des ouvrages qui existent sur cette matière. C'est peut-être même au petit nombre, ou plutôt à l'imperfection de ces ouvrages, qu'on doit attribuer la lenteur des progrès de la tannerie.

M. Desbillettes, membre de l'Académie des sciences, est le premier qui ait écrit sur cet art; mais son ouvrage composé en 1708, s'est perdu en grande partie, et l'on s'aperçoit, par ce qui en reste, qu'il avait négligé beaucoup de détails intéressants. En 1754, un astronome célèbre, M. Delalande, donna sur l'art du tanneur et sur celui du corroyeur et de l'hongroyeur, des traités qui, à cette époque, ne laissaient rien à désirer;

mais les changements survenus depuis dans la manière de fabriquer les cuirs, rendent ces traités absolument incomplets ; on peut dire la même chose de l'article inséré dans l'Encyclopédie universelle, et du traité bien plus détaillé qui se trouve dans l'Encyclopédie méthodique.

Pseiffer, Macbride et Saint-Réal ont présenté pour hâter le tannage, des moyens qui d'abord parurent séduisants , et furent même adoptés par quelques tanneurs; mais bientôt après ils furent reconnus comme impraticables et abandonnés. Enfin M. Séguin, chimiste d'ailleurs estimable, entreprit en l'an 2 (1794), de confectionner entièrement, même des cuirs forts, en six semaines, ou tout au plus en trois mois. Si quelques succès semblèrent couronner son entreprise, l'expérience ne tarda guère à prouver que les cuirs préparés d'après sa méthode, étaient d'un très mauvais usage et ne pouvaient être admis dans le commerce. Cependant M. Séguin a rendu des services importants à la tannerie. Ce n'est pas lui qui le premier a donné l'idée d'employer l'acide sulfurique pour aider et accélérer le gonflement des peaux ; Macbride avait indiqué ce procédé long-temps auparavant : mais c'est lui qui, d'après des observations judicieuses, a déterminé les véritables effets de cet acide, et la quantité nécessaire pour atteindre le but proposé.

Jusqu'ici la fabrication des cuirs connus sous le nom de *cuirs de Russie*, avait été un mystère ; M. *Duval* a fait à ce sujet des découvertes extrêmement intéressantes, et il fabrique maintenant des cuirs de cette espèce, qui pour la couleur et l'odeur, n'en cèdent en rien à ceux de Russie. On sait que l'odeur, principal mérite du cuir de Russie, se donne par le corroyeur au moyen d'une huile tirée de l'écorce du bouleau.

Persuadés donc de la nécessité d'un traité plus circonstancié et surtout plus complet que ceux dont il vient d'être parlé, nous nous décidâmes, en 1824, à donner celui-ci, qui réunit en même temps les anciennes et les nouvelles méthodes, et dans lequel l'ouvrier a pu trouver tout ce qui est relatif à la manipulation, et le maître tanneur toutes les instructions nécessaires à un fa-

bricant jaloux de se distinguer dans son art.
Notre ouvrage a donc été, à proprement parler, le manuel de l'ouvrier et le guide du
maître.

Encouragés par le succès , nous avons cru devoir donner un traité complet de la fabrication de
toutes les peaux en général; et aux arts du tanneur, du corroyeur et de l'hongroyeur, nous
avons joint dans cette seconde édition , ceux
du chamoiseur, du mégissier , du maroquinier,
du parcheminier et du boyaudier; arts qui n'ont
pas été portés à un moindre degré de perfection
que les autres.

On appelle tanner un cuir, lui ôter ses parties grasses, en faire disparaître l'humidité naturelle, donner une nouvelle force à ses fibres,
rendre son tissu plus serré et plus compact, et
autant que possible, imperméable à l'eau. Quoiqu'on tanne des cuirs de différentes espèces,
cependant le principal objet de la tannerie est
la préparation des grands cuirs de bœufs , qu'on
nomme communément cuirs forts, et qui servent à faire les semelles de bottes et de souliers.

On nomme cuir de Hongrie ou façon de Hongrie, celui qui, après avoir été préparé avec l'alun et le sel, est imbibé de suif. Il est particulièrement employé par les selliers et les bourreliers.

Le corroyeur est celui qui donne aux cuirs, après qu'il sont tannés, de la force, de la souplesse, de l'éclat, et les rend propres aux différents usages auxquels ils sont destinés, en ajoutant à chacun les qualités qui lui conviennent; le corroyeur peut donc être regardé comme perfectionnant le travail commencé par le tanneur, et c'est en cela seul que consiste l'affinité qui existe entre ces deux professions : car autrement la manipulation du tanneur ne ressemble en rien à celle du corroyeur.

L'hongroyeur n'a de rapport avec le tanneur et le corroyeur que quant à l'identité des matières sur lesquelles ils travaillent, et sur le but de leurs opérations qui est le même, quoiqu'ils emploient des moyens différents : car la préparation des cuirs de Hongrie est entièrement différente de celle des autres; il en est de même de leur destination.

Nous avons cru devoir réunir l'art du tanneur avec ceux du corroyeur et de l'hongroyeur, d'abord, parce que malgré que ces trois professions présentent des différences bien prononcées, elles ont plusieurs points de contact ; mais surtout parce que dans les départements, presque tous les tanneurs sont en même temps corroyeurs et hongroyeurs, et que ces trois parties se trouvent également réunies chez plusieurs fabricants de Paris.

L'art du chamoiseur consiste à adoucir, à assouplir une peau, à lui donner du corps et même de la couleur, et à la rendre propre à tous les usages corporels et individuels de l'homme.

Le mégissier est celui qui fabrique les peaux blanches au moyen de la chaux, du sel, de l'alun, de la pâte et parfois des confits.

Le maroquin est une peau de chèvre ou de bouc, passée à la chaux, coudrée, mise en couleur et tirée à la pommelle.

Le parcheminier est celui qui passe une peau de mouton à la chaux, qui l'écharne, la ratisse et l'adoucit avec la pierre-ponce.

L'art du boyaudier consiste à faire, avec des boyaux de bœufs, de vaches, de moutons, etc., des cordes pour les instruments, pour les raquettes, les fouets, etc., etc.

Cette seconde édition forme deux volumes, le premier contient trois sections.

Dans la première section se trouve la description raisonnée et détaillée de toutes les opérations relatives à l'art du tanneur proprement dit, en pernant les peaux depuis l'instant où elles sortent de la boucherie ou du commerce, pour entrer dans les ateliers des tanneurs, et en les suivant jusqu'à l'époque où elles sont entièrement façonnées, comme les cuirs forts; ou bien où elles sont disposées à passer entre les mains du corroyeur, comme les vaches en croûte; et afin de nous rendre intelligibles, même aux lecteurs les moins éclairés, nous avons eu soin de procéder du plus simple au plus compliqué, et du plus aisé au plus difficile.

La seconde section est destinée à l'art du corroyeur. On a suivi dans l'un et l'autre la marche adoptée pour l'art du tanneur.

La troisième section comprend les connaissances théoriques et pratiques qui sont indispensables chez le fabricant, et les avantages qui en résultent pour lui ; un précis des secours que le tanneur peut tirer de la chimie ; la nomenclature de toutes les peaux qu'on a coutum de tanner, de tous les cuirs dont la préparation appartient au tanneur, et des usages principaux auxquels ces cuirs sont destinés ; l'indication des pays qui fournissent les peaux regardées comme les meilleures, et des signes auxquels on peut reconnaître leurs qualités ou leurs défauts ; un léger aperçu des préparations provisoires ou conservatrices qu'on est obligé de faire subir aux peaux qui doivent être gardées quelque temps avant d'entrer dans le commerce ; quelques idées sur le commerce des cuirs en général, sur le prix des peaux et sur les mutations qu'elles éprouvent tant par rapport à leur pesanteur qu'à leur valeur, soit avant, soit après la fabrication.

Le détail des divers agents employés dans les trois branches de l'art de préparer les cuirs ; on commence par ceux qui sont communs à tous trois; on fait ensuite connaître leur origine, les qualités qui leur sont nécessaires, la forme sous laquelle ils sont employés, leur usage et leurs effets ; des observations sur les eaux qui sont les plus propres à la tannerie.

Un appendice dans lequel sont détaillés les signes auxquels on peut reconnaître la perfection du vice des opérations relatives à chaque branche de fabrique, et un aperçu du parti qu'on peut tirer des déchets et des résidus.

La description d'une tannerie bien ordonnée, et la nomenclature de tous les ustensiles qui doivent s'y trouver.

Le deuxième volume contient sept sections. Savoir : 1° *l'Art de l'hongroyeur* ; 2° *l'Art du chamoiseur* ; 3° *l'Art du mégissier* ; 4° *l'Art du maroquinier* ; 5° *l'Art du parcheminier* ; 6° *l'Art du boyaudier.*

La septième section présente l'histoire abrégée de l'art, son origine, ses modifications et ses progrès en France jusqu'à l'époque de la révolution ; un tableau des améliorations qu'il a re-

L'ART

DU

TANNEUR.

PREMIÈRE PARTIE.

PREMIÈRE SECTION.

L'ART DU TANNEUR.

Comme nous l'avons dit dans notre introduction, tanner un cuir, c'est faire disparaître ses parties grasses et son humidité, donner plus de force à ses fibres, rendre son tissu plus serré, etc.

Trois procédés différents conduisent à ce but.

1. Le premier, qui est le plus ancien, qui fut le plus universellement adopté et suivi pendant long-temps, et qui l'est même encore dans certains pays, où les tanneurs tiennent tellement à leurs vieilles habitudes, que ni l'expérience, ni la raison ne peuvent les déterminer à les abandonner; le premier, dis-je, qui est incontestablement le plus mauvais de ceux que l'on connaisse, se nomme *travail à la chaux* ou aux plains.

2. Le second procédé consiste à opérer le gonflement des peaux au moyen d'une pâte aigre de farine d'orge délayée dans l'eau. Le cuir ainsi préparé est désigné par le nom de *cuir d'orge*. Cette méthode ne fut en tout temps employée que dans peu de fabriques; cependant elle est préférable à celle à la chaux.

I. 1

3. Enfin le cuir préparé par le troisième procédé se nomme *cuir à la jusée*. Il est maintenant reconnu que ce cuir l'emporte infiniment en qualité sur les autres, et c'est presque le seul dont se servent aujourd'hui les cordonniers et les bottiers.

On ne doit pas perdre de vue que nous parlons ici principalement du tannage des grandes peaux de bœuf, avec lesquelles se confectionnent les cuirs nommés *cuirs forts*.

DU CUIR A LA CHAUX.

DU LAVAGE DES PEAUX.

4. Le lavage est la première opération de la tannerie. Lorsque les peaux entrent dans la fabrique, elles sont ou vertes, ou salées, ou sèches. Quand elles sont vertes, c'est à dire qu'elles passent à la tannerie peu de jours après avoir été déshabillées, et qu'elles conservent leur humidité naturelle, il suffit de les dessaigner, d'en ôter le sang et les ordures, et de les rincer.

5. Si les peaux ont été salées, elles doivent rester à l'eau plus long-temps; cependant quarante-huit heures suffisent pour les peaux salées depuis quinze jours. On laissera tremper davantage celles qui seront restées salées pendant un espace de temps plus long; mais dans tous les cas trois ou quatre jours seront suffisants, en ayant égard toutefois à la température chaude ou froide de l'air, et à la nature des eaux. On aura soin de retirer tous les jours les peaux

de l'eau, de les laisser chaque fois égoutter pendant environ **deux** heures, de les rétaler ensuite, et de les agiter dans l'eau, afin qu'elles soient plus facilement dégagées des ordures et du sel. De plus, ces deux opérations disposent le **cuir** à être plus facilement pénétré par l'eau, et par conséquent à s'attendrir. Pour amollir les peaux et les dégager entièrement du sel qui peut y rester, il est bon, quand on les **retire** de l'eau pour la dernière fois, de les rincer à force de **bras**.

6. Quand les peaux sont sèches, on commence également par les mettre à l'eau où elles doivent rester jusqu'à ce qu'elles soient ramollies. Chaque jour, on les retire, on les étale sur le chevalet, et on les étire avec le couteau rond, qu'on désigne dans quelques pays par le nom d'*herbon*. C'est là ce qu'on appelle craminer, ou *donner une passe*. Pour les faire tremper plus vite et les rendre plus souples, il est des tanneries dans lesquelles on les foule. On renouvelle exactement ce travail chaque jour, et on le continue jusqu'à ce que les peaux soient suffisamment *retenues*, c'est à dire amollies.

Il y aurait un moyen bien simple de terminer plus promptement cette opération : ce serait de mettre les peaux sous les marteaux d'un moulin à foulon ; et dans l'espace d'une heure, elles seraient parfaitement assouplies, rincées et craminées. Mais ce moyen ne pourrait être employé que dans les endroits où il se trouve des moulins de cette espèce. L'auteur de l'article inséré dans l'*Encyclopédie méthodique* blâme cette méthode qu'il regarde comme très vicieuse.

Quand les peaux ont été suffisamment amollies par le trempement et le craminage, on les remet à l'eau pour la dernière fois. On y laisse les gros cuirs six heures tout au plus : les vaches à œuvre peuvent y rester vingt-quatre heures, et les veaux quarante-huit. Cependant il faut avoir égard à la qualité des eaux, car les peaux devraient rester moins de temps dans une eau molle.

On pensait autrefois que plus un cuir avait trempé, meilleur il était. L'expérience a prouvé combien était grande cette erreur. Il est incontestable qu'en restant trop longtemps à l'eau, les cuirs tendent à la corruption. On a surtout remarqué à Paris que les peaux étaient souvent piquées quand elles séjournaient trop dans la rivière des Gobelins, boueuse par elle-même, et où se rassemblent une infinité de matières hétérogènes.

On a coutume, et cette méthode ne doit pas être négligée, de fouler avec les pieds les peaux sèches avant de les craminer ou de leur donner une passe ; mais, avant tout, on fend la tête depuis les yeux jusqu'à la bouche, on coupe les oreilles et la queue, on décrotte les peaux au *demi-rond,* on enlève les os de la tête et les cornes avec un couteau de boucher, on repasse les peaux sur chair, et on enlève toutes les pellicules et les superfluités qui peuvent s'y rencontrer ; ce qu'on appelle écharner.

Comme le craminage n'a d'autre but que de faire disparaître le racornissement et la raideur qu'ont contractée les peaux sèches, il est facile de voir que ce travail est inutile pour les peaux vertes.

Dans le travail à la chaux, on a coutume de laisser les peaux entières ; cette méthode est mauvaise, d'après l'avis des bons fabricants.

On doit conclure de cette opération importante et indispensable, que les tanneries doivent être établies non seulement dans les lieux où les eaux ne manquent jamais, mais même, s'il est possible, sur les bords d'une rivière ou d'un ruisseau. Il faut seulement remarquer que les eaux des sources qui coulent immédiatement des rochers, sont parfois trop dures et trop astringentes.

GONFLEMENT DES PEAUX.

8. La seconde opération des tanneurs est de faire gonfler les peaux et d'en dilater les pores, afin de les disposer à être pénétrées par le tan. Cette seconde opération est tellement importante, que c'est d'elle que dépend la qualité des cuirs, et il est reconnu qu'un cuir qui a été mal préparé dans les passements ou dans les plains ne peut jamais être bien tanné.

Nous avons déjà dit (2) que la méthode de préparer les cuirs à la chaux était en même temps la plus ancienne et la plus mauvaise. Pour parvenir à dégraisser et faire gonfler les peaux par ce procédé, on les met dans des trous pratiqués en terre, qu'on nomme *plains*, et dans lesquels on a délayé de la chaux avec de l'eau.

9. Selon M. Delalande, la chaux dont on se sert pour faire les plains est une pierre dont le feu a atténué les parties, de manière à la réduire dans l'état d'une terre absorbante; l'union de cette terre avec l'eau produit une matière saline, alcaline, caustique, propre à attaquer les substances animales, à les corroder, à les brûler; aussi la chaux doit-elle avoir été bien éteinte dans l'eau, être refroidie pendant plusieurs jours, et avoir jeté presque tout son feu avant de servir au gonflement des cuirs. Le tiers et même le quart d'un pied cube de chaux suffit pour chaque grand cuir.

On doit avoir soin de disposer les peaux de manière à ce qu'elles plongent entièrement dans le plain, c'est à dire qu'elles soient recouvertes par l'eau.

10. Les tanneurs qui suivaient l'ancienne méthode, laissaient leurs cuirs dans l'eau de chaux, dix, douze et même
quinze mois. Voici la progression qu'ils suivaient. Après que
les cuirs étaient suffisamment amollis ou revenus, ils les
mettaient dans un plain mort; ce plain mort était formé
de l'eau de chaux qui avait jeté tout son feu; cette opération
se nomme *abattre*. Après être restés pendant huit jours dans
ce plain mort, les cuirs étaient levés et mis en *retraite* pendant un même espace de temps. On appelle mettre en retraite, ranger les cuirs les uns sur les autres, après les avoir
retirés de la chaux.

Les huit jours de retraite étant expirés, on rabattait les
cuirs dans le même plain où ils restaient encore huit autres
jours; on les retirait ensuite, et on continuait cette opération
toujours de la même manière pendant deux mois, temps
qu'on croyait nécessaire pour pouvoir débourrer les peaux
ou en retirer facilement le poil.

11. La manière de gouverner les plains variait tellement
qu'il était difficile de trouver deux provinces dans lesquelles
elle fût uniforme. M. Delalande atteste, d'après les mémoires qui lui furent fournis par les inspecteurs du commerce, que, dans l'Angoumois, le train de plamage était
composé de douze plains, dont les deux premiers étaient
morts, les quatre suivants *faibles*, et les six derniers *neufs*.
Il entrait dans la formation de ces plains deux barriques de
chaux et un sac de cendres.

Qu'en Poitou, on se contentait de cinq plains, dont deux
morts et trois neufs; que, dans la Bretagne, certains tanneurs, persuadés que les peaux plamaient mieux en poil
qu'en tripe, employaient six plains neufs, et ne débourraient qu'après le quatrième et même le cinquième.

12. Quand le cuir a été débourré, pelé et trempé, on

dit qu'il est en tripe, parce qu'alors il ressemble, en effet, tant par les couleurs que par la consistance, à de la tripe ou à des intestins d'animaux.

En Auvergne, l'on ne faisait que trois plains qui duraient un mois chacun, et qui étaient composés d'une lessive de cendres mêlée avec de la chaux vive. Dans le Limousin, les plains faits avec de la chaux mêlée de cendres n'excédaient pas six mois : mais, dans la Champagne et le duché de Luxembourg, les plains étaient prolongés jusqu'à quinze et même dix-huit mois. Nous ne finirions pas si nous voulions rapporter toutes les autres variations qui existaient en ce genre. Au reste, chacun suivait en cela ou l'exemple de ses pères ou sa propre expérience.

13. Suivant le traité qui se trouve dans l'*Encyclopédie méthodique*, les peaux doivent rester dans les plains dix à onze mois : c'est aussi l'avis de M. Delalande. Cependant tous les bons fabricants reconnaissent maintenant qu'il suffit de laisser les peaux vingt-quatre heures dans les plains et vingt-quatre heures en retraite ; que cette opération ne doit durer que six semaines ou deux mois tout au plus ; que trois ou tout au plus quatre bons plains sont suffisants, et qu'après cet espace de temps, les peaux se débourrent parfaitement bien.

D'ailleurs l'expérience a prouvé qu'au-delà d'un certain terme, le cuir, au lieu de se gonfler, se brûlait et se desséchait ; qu'après trois ou quatre plains, comme nous l'avons déjà dit, le cuir avait pris toute son épaisseur, et qu'indépendamment des inconvénients que nous venons de rapporter, le tanneur qui laissait ses cuirs dans les plains dix, douze mois, ou davantage, faisait en chaux et en cendres une dépense absolument inutile.

MANIÈRE DE DÉBOURRER OU DE DÉPILER LES PEAUX.

14. Pour connaître si les peaux sont en état d'être dépilées ou débourrées, il suffit de sentir si, en passant simplement le doigt dessus, le poil s'arrache avec facilité. Après six semaines ou deux mois, les peaux peuvent être débourrées ; mais avant de procéder à cette opération, il faut avoir soin de les bien rincer. Autrefois on les mettait vingt-quatre heures dans l'eau : cette perte de temps est absolument inutile.

15. Après avoir donc bien rincé les peaux, on les étend sur le chevalet et on se sert pour les dépiler, ou d'un couteau rond qui ne coupe ni du milieu, ni des talons, ou bien d'une pierre à aiguiser, qu'on appelle la *queurse*.

Quelques tanneurs ont prétendu que la queurse était plus avantageuse, d'abord parce qu'au moyen de ses angles, elle épilait mieux que le couteau rond, et qu'ensuite elle ne pouvait en rien nuire à la fleur. C'est une erreur puisqu'il est démontré que les angles de cette pierre peuvent non seulement entamer, mais même couper la peau du côté de sa fleur, inconvénient qu'on ne peut nullement craindre du couteau rond.

Quel que soit l'instrument dont on se serve pour débourrer les peaux, il faut avoir la précaution de bien nettoyer le chevalet, parce qu'autrement il serait à craindre que quelque corps étranger, placé entre le bois et la peau, ne donnât lieu à divers accidents.

On doit d'ailleurs faire une couche, c'est à dire étendre sur le chevalet plusieurs peaux sur lesquelles on met celle qu'on veut débourrer, parce qu'au moyen de cette couche, la peau obéit et s'étend, et qu'ainsi il n'y a aucun risque pour la fleur.

16. On connaît que les peaux ont été bien dessaignées, qu'elles n'ont point été gâtées par le travail du chevalet, et qu'elles sont de bonne qualité, quand, après avoir été dépilées et rincées, on aperçoit sur la fleur des veines blanches entrelacées.

On a prétendu que pour accélérer la dépilation, il fallait répandre sur les peaux, du côté du poil, de la poudre de genêt, cueillie en la seconde saison; on ajoutait même qu'en Angleterre, pour dépiler toutes les peaux quelconques, on se servait d'une forte liqueur de genêt vert ou de genêt épineux, dans laquelle on faisait tremper ces peaux deux ou trois jours, et que, par ce moyen, la dépilation s'opérait sans le secours de la chaux; mais ce procédé ne nous a été indiqué dans aucune des notes qui nous sont parvenues.

17. Après que les peaux étaient débourrées, on les mettait dans un plain faible, c'est à dire qui avait déjà servi plusieurs fois, et on les y laissait quatre mois. On les levait au bout de huit jours, on les laissait en retraite pendant le même espace de temps, puis on les rabattait de nouveau, et ainsi de suite en observant la même progression pendant les quatre mois. Cette méthode est celle qui se trouve également décrite dans l'*Encyclopédie méthodique*; mais maintenant on lève et on abat beaucoup plus souvent; il est même des tanneurs qui renouvellent l'opération au bout de vingt-quatres heures, et il est prouvé que les cuirs en valent beaucoup mieux.

18. Ces quatre mois expirés, on faisait un plain neuf composé de deux barriques de chaux vive; on avait soin de faire éteindre cette chaux la veille, dans une quantité d'eau

suffisante, et quand elle avait jeté son plus grand feu, on y abattait les peaux, et on les y laissait aussi pendant quatre mois, en les levant et en les abattant également de huit jours en huit jours ; mais, comme nous l'avons dit plus haut, les peaux doivent être abattues et relevées de vingt-quatre en vingt-quatre heures, et il suffit de les laisser quinze jours tout au plus dans ces nouveaux plains.

19. Comme la chaux se porte naturellement dans le fond des plains, toutes les fois qu'on lève des cuirs, on doit, avant d'en abattre d'autres, brasser les plains, à force de bras, avec des bouloirs; et lorsque la chaux est soulevée de cette manière et qu'elle est bien mélangée avec l'eau, deux ouvriers placés aux deux extrémités du plain, prennent chacun de leur côté le cuir avec de longues pinces qu'ils tiennent en mains, les battent, les rangent et les étendent le mieux qu'il est possible, en ayant toujours soin que les cuirs soient surmontés au moins de quelques pouces par l'eau, qui bientôt après devient claire, la chaux s'étant déposée sur les cuirs.

On appelle *bouloir* une perche de six à sept pieds de longueur, au bout de laquelle est adaptée une petite pièce de bois carrée d'environ six pouces d'écarrissage.

20. Enfin, au bout de quatre mois, on tirait les peaux de ce plain neuf, et on les remettait dans un autre également neuf, où elles restaient encore deux mois. La manutention était toujours la même, c'est à dire que, pendant les deux mois, on les levait et on les abattait de huit jours en huit jours, ou plus souvent.

21. Ces deux mois terminés, les cuirs restaient une année entière dans les plains, savoir : deux mois dans les plains morts, quatre mois dans les plains faibles, et six mois dans les plains neufs.

22. Il est bon d'observer qu'entre les plains, il doit y avoir assez de distance pour que la retraite de l'un ne découle pas dans l'autre, c'est à dire pour que le plain le plus fort ne soit pas affaibli par la retraite du plus faible, ou bien que la retraite du plus fort n'aille pas se perdre dans l'eau du plus faible ; et à cet effet, il faut, dans une plamerie, laisser à droite et à gauche de chaque plain un espace suffisant non seulement pour faire d'abord deux retraites, mais encore pour établir des passages, d'abord entre les deux retraites, et ensuite entre chaque retraite et chaque plain. Neuf pieds entre le plain et le mur de chaque côté sont regardés comme suffisants.

23. Quant à la formation d'un plain, voici comment s'exprime M. Delalande :

« Pour donner une idée exacte de la quantité de chaux nécessaire pour un plain, je me servirai d'une barrique de chaux ayant vingt-deux pouces de diamètre et trente-deux pouces de hauteur ; sa solidité est de douze cent seize pouces cubes, ou environ huit pieds et demi : il faut deux barriques semblables, c'est à dire dix-sept pieds cubes de chaux, pour faire un plain neuf à quatre-vingts cuirs. On partage quelquefois ces quatre-vingts cuirs en quatre retraites de vingt cuirs chacune, c'est à dire qu'on en met d'abord vingt dans le plain pendant deux jours ; on les retire pour en mettre vingt autres également pendant deux jours : par ce moyen, tous les cuirs, dans l'espace de huit jours, ont eu deux jours de plain et six jours de retraite. Tous les deux mois, on renouvelle le plain en y mettant deux barriques de chaux, lorsqu'on veut en faire un plain neuf ; ou bien les deux mois suivants, il sert comme un plain faible sans addition de nouvelle chaux, après quoi il n'est plus qu'un plain mort,

et ne sert qu'à préparer les cuirs avant qu'ils soient débourrés. »

TRAVAIL DE RIVIÈRE.

24. Après que les cuirs ont été dessaignés et débourrés,
qu'ils ont acquis le gonflement et le plamage qui leur est
nécessaire, ils doivent être écharnés et travaillés de rivière.
On appelle travailler les cuirs de rivière, les passer du côté
de la fleur sur le chevalet, soit au couteau rond, soit à la
tuile ou à l'herbon, pour les recouler et les purger entièrement de la chaux, et pour en enlever absolument la chair
et toutes les parties étrangères. Pour y parvenir, on commence par les mettre à l'eau, on les foule ensuite, puis on
les queurse, c'est à dire on les passe avec la pierre à aiguiser, qu'on nomme queurse; on les rejette ensuite à l'eau,
et, après les en avoir tirés, on les foule de nouveau et on
leur donne une façon de fleur : on recommence encore une
fois la même opération ; enfin on leur donne une dernière
façon de fleur et de chair, et lorsqu'elle est terminée, le
cuir doit être entièrement débarrassé de la chaux et des
chairs superflues. Le travail de rivière a pour but d'adoucir
la fleur des cuirs et d'empêcher qu'elle ne se casse dans les
opérations suivantes.

L'expérience a prouvé qu'après l'écharnage, deux façons
de couteaux sont suffisantes, et par ce moyen on épargne
et des frais et du temps.

DU TAN ET DE LA MANIÈRE DE COUCHER LES CUIRS EN FOSSE.

25. Toutes ces opérations étant terminées, les cuirs
gonflés et dégagés de la gomme naturelle qui les rendait

inaptes à soutenir l'humidité, sont dans un état propre à être tannés, c'est à dire à être pénétrés par l'écorce qui doit fortifier leurs fibres et les réunir.

26. Cette écorce est communément celle des jeunes chênes qu'on a dépouillés au moment où la sève monte; cette écorce est ensuite réduite en une poudre plus ou moins grosse, qui, par sa vertu astringente et dessiccative, donne au cuir la force et la dureté qui lui est nécessaire.

27. Les fosses sont des creux pratiqués dans la terre : leur forme est ou ronde ou carrée. Dans certains pays, ces fosses sont en maçonnerie, et revêtues en dedans d'un mortier composé de chaux et de ciment. A Paris et dans d'autres endroits, elles sont faites en bois de chêne et en forme de cuves rondes. Il n'y a rien de fixe pour la dimension des fosses; on les fait communément, dans les provinces où elles sont en maçonnerie, de six pieds de profondeur sur huit de diamètre. Il est maintenant reconnu que les fosses en bois sont préférables à celles qui sont faites en maçonnerie, d'abord parce qu'elles sont moins sujettes à perdre l'eau, et par conséquent à laisser les cuirs à sec, ce qui leur est très préjudiciable, et ensuite parce que la combinaison de la chaux avec l'eau de tan neutralise le principe tannant de l'écorce. Cette connaissance est la suite des observations et des expériences de M. Séguin. D'après cela, quoique la chaux qui se trouve dans le mortier qui enduit les fosses en maçonnerie ne soit pas en assez grande quantité pour neutraliser entièrement le principe tannant, elle l'atténue cependant, et par conséquent elle est nuisible. Mais ce qui forme particulièrement notre opinion à ce sujet, c'est l'expérience journalière des meilleurs fabricants. Tous sont d'avis que les cuirs se tannent beaucoup mieux dans

des cuves en bois enfoncées en terre, que dans de
fosses faites en maçonnerie, et l'expérience en ce genre es
le grand maître qu'il faut suivre.

28. Les tanneurs ne sont pas généralement d'accord su
les préliminaires de cette opération. Il en est qui se serven
de poudre sèche, prétendant qu'elle se divise beaucou
mieux ; d'autres, au contraire, l'arrosent avec de l'eau, e
la démêlent avec une pelle. Ces derniers assurent qu'indépendamment de l'incommodité causée par la poussière qu
entre par le nez, par la bouche, etc. (inconvénient qu'il
évitent), le tan mouillé se divise plus facilement que quan
il est sec. Tous les tanneurs de Paris ont adopté cette dernière méthode.

29. Dans l'Auvergne et dans quelques autres provinces
avant de coucher les cuirs en fosse, on les coupait en troi
parties : celle du milieu, prise par le dos, était large d'enviror
un pied ; les deux autres étaient d'égales grandeurs. Maintenant on les coupe généralement sur la longueur et en deux
parties égales.

30. Plusieurs tanneurs étaient aussi dans l'usage, avan
de coucher en fosse, de poudrer les cuirs avec du tan, e
de les mettre en pile pendant quelques heures, afin qu'il
commençassent à prendre le feu de l'écorce ; mais on a
renoncé à cette opération qui entraîne une perte inutile d
temps.

31. On commence donc par mettre au fond de la fosse
un demi-pied au moins de tannée, ou écorce qui a déjà
servi en fosse ; on étend sur cette tannée un grand pouce
d'épaisseur d'écorce neuve bien moulue, humectée, comme
nous l'avons dit, pour empêcher qu'elle ne se volatilise. La
poudre étant ainsi disposée, on étend dessus un cuir ; sur
ce cuir, on met une autre couche de poudre, et on continue

de même, en mettant alternativement une couche de poudre et un cuir.

32. Quelques tanneurs sont dans l'usage de couper les têtes et les fronts que l'on nomme ordinairement *châtaignes*, et parce que ces parties sont plus épaisses, ils les couchent séparément et leur donnent plus d'écorce. Cet usage n'est pas adopté dans la plus grande partie des fabriques. Pour pouvoir bien étendre les extrémités des cuirs qui font des poches ou des plis, il faut avoir soin de les fendre : il doit y avoir de l'écorce entre toutes les parties de chaque cuir ; on doit aussi en mettre dans les duplicatures quand on est dans la nécessité de redoubler ou reborder quelques parties. Il est facile à concevoir que plus les parties sont épaisses, comme, par exemple, les joues, plus la poudre doit être épaisse, et que, par une raison contraire, la quantité et l'épaisseur de la poudre doivent être moindres dans les endroits les plus minces, tels que les pates et l'épaule. Un doigt d'épaisseur suffit dans ces derniers cas. Voici la propression décroissante qu'on observe communément dans le trois poudres que l'on donne aux cuirs. L'épaisseur de la première est d'un grand pouce, celle de la seconde un pouce ordinaire, et celle de la troisième un bon doigt.

33. Les tanneurs ont encore varié sur le degré de ténuité de la poudre. Les uns voulaient que la première poudre fût de la grosseur du gruau, la seconde un peu plus grosse, et la troisième enfin presque semblable à l'écorce concassée. D'autres ont prétendu que la poudre la plus fine était la meilleure, parce que plus elle est fine, plus elle pénètre les cuirs, plus elle s'appauvrit, et plus les cuirs profitent. Il existe des raisons plausibles pour l'une et l'autre méthode. Cependant plusieurs fabricants de Paris ont imité le

procédé des Anglais, qui font seulement broyer l'écorce
sous des meules, et ce procédé est pratiqué avec beaucoup
d'avantage.

34. Quand la fosse n'est pas entièrement garnie et qu'il
s'y trouve des places vides, il faut exactement les remplir
soit avec de la poudre neuve; soit avec de la tannée; car il
est très essentiel qu'il ne reste dans la fosse aucun espace
vide. Pour obvier aux inconvénients de ce genre, on a
coutume de croiser les cuirs, et, après avoir mis deux
moitiés dans un sens, on en met deux dans le sens contraire,
et ces quatre moitiés sont croisées par une cinquième. Ce
procédé s'emploie pour les fosses carrées, mais dans les
cuves rondes, on place les cuirs tout autour, en ayant soin
de mettre toujours la queue du cuir qu'on couche sur la patte
de droite de celui couché auparavant, et cette opération se
fait en tournant toujours à droite. Lorsque l'ouvrier couche
un cuir, il doit le presser fortement avec les pieds, afin de
lui faire perdre les plis qu'il aurait pu prendre dans les bassements et de le rendre plus uni.

35. En suivant ce procédé, on peut, en deux heures de
temps, remplir une fosse de quinze à seize cuirs. Quand
tous les cuirs sont couchés et couverts de poudre neuve,
on met par-dessus autant de tannée fraîche qu'il peut y
avoir de vide. En formant dessus un bassin pour recevoir
l'eau destinée à abreuver la fosse, et lorsque cette opération est terminée, on comble la fosse de tannée. Comme la
plupart des tanneurs ne remplissent pas une fosse en entier
dans le même jour, mais à plusieurs reprises, et qu'à
chaque fois on est obligé de mettre de l'eau, pour que cette
eau ne fasse pas un trou, on la verse sur une toile à travers
laquelle elle coule insensiblement. Parfois on met sur la
tannée des planches et même des pierres, mais c'est quand

a fosse n'est pas pleine ou qu'on craint que l'eau ne soulève
es cuirs.

36. Certains tanneurs n'abreuvent leurs fosses qu'après
avoir fait ce qu'on appelle un chapeau ; ils y mettent de
temps en temps de l'eau claire, afin que la fosse ne reste
jamais sèche : ils la sondent même de temps à autre pour
s'assurer si elle contient assez d'humidité. Dans les tanneries de Paris, on ne fait le chapeau qu'après que la fosse a
été abreuvée, et l'expérience a prouvé qu'une bonne cuve
ne devrait jamais être abreuvée plus d'une fois. On ne peut
blâmer la précaution de sonder les fosses. On calcule, pour
abreuver une cuve, sur cent pintes, mesure de Paris, pour
deux cuirs. Dans tous les cas, on ne doit se servir que d'eau
claire, et en quantité suffisante pour qu'il en paraisse encore sur la surface le lendemain du jour où la fosse a été
abreuvée. Parfois il faut plus d'un jour pour abreuver la
fosse, ce qui arrive quand la poudre est fort menue : dans
ce cas, on remet de l'eau jusqu'à ce qu'on se soit assuré
qu'il y en a suffisamment pour humecter la totalité des
cuirs et du tan.

37. L'écorce avec laquelle on tanne à Bâle est beaucoup
plus grosse que celle dont on se sert en France.

38. On peut tanner les cuirs en fosse avec trois écorces ;
mais on doit en employer quatre et même cinq, quand on
veut avoir des cuirs forts de première qualité.

La première écorce, qui dure trois mois, doit être fine,
parce qu'étant trop grosse, elle pourrait bosseler le cuir :
cette première poudre s'emploie par fleur.

La seconde écorce doit être moins fine que la première ;
elle donne sur chair et doit durer quatre mois au moins.

On emploie pour la troisième écorce de la poudre beaucoup plus grosse que la précédente. Cette troisième écorce

se donne sur chair et dure ordinairement cinq mois. Les cuirs levés après cette époque ont une année de fosse et sont censés suffisamment tannés; mais, comme nous l'avons dit plus haut, les cuirs forts demandent quatre et même cinq écorces.

Certains tanneurs, persuadés que la vieille écorce pourrait empêcher la nouvelle de jeter son feu dans le cuir, balaient, battent et secouent les cuirs toutes les fois qu'ils les changent de poudre; mais il suffit de les balayer; le reste est inutile et ne fait que prolonger l'opération sans avoir aucun résultat avantageux.

39. Souvent un tanneur dont la fabrique n'est pas considérable est forcé de coucher dans la même fosse des cuirs de première, de seconde et de troisième poudre : alors il place dans le fond de la fosse les cuirs qui sont les plus avancés de tannerie, il met sur ceux-ci les cuirs de seconde poudre, et à la surface de la fosse ceux de première; ces dernières, lors de la prochaine levée, occupent le milieu de la fosse, et ainsi de suite.

Suivant M. Delalande, l'eau avec laquelle on abreuve le tan, se précipitant vers le bas de la fosse, y entraîne la partie la plus tannante de l'écorce, et par conséquent les cuirs qui sont placés dans le fond de la fosse sont toujours les plus avancés. Pour rétablir l'équilibre, les tanneurs qui n'ont dans une fosse que des cuirs de même poudre, ont soin, lorsqu'ils couchent en seconde ou en troisième poudre, de mettre dans le fond de la cuve les cuirs qui précédemment étaient à la surface.

Les tanneurs ont bien soin, quand ils couchent en seconde, troisième ou quatrième écorce, de mettre dans le fond de la fosse les cuirs qui, dans la fosse précédente, étaient placés à la surface; mais ils ne partagent pas l'opinion de M. Delalande, c'est à dire qu'ils ne pensent pas que les sels descendent au fond de la fosse ; les seuls motifs qui les dirigent en cela sont que les cuirs placés à la surface ont moins d'humidité que les autres ; que l'écorce nouvelle mêlée avec de la tannée perd une grande portion de son principe tannant, et que d'ailleurs ces mêmes cuirs, se trouvant exposés à la chaleur ou au froid, ne peuvent être aussi bien nourris que les autres.

40. Nous avons dit (27) que les cuves en bois étaient préférables aux fosses faites en maçonnerie ; nous ajouterons aux raisons que nous avons déjà données que l'humidité est tellement essentielle dans les fosses que, si elle vient à y manquer, il est impossible que le cuir réussisse ; aussi ne peut-on qu'approuver les tanneurs qui ont soin, avant de coucher les cuirs, de sonder et d'abreuver les fosses. Quelques tanneurs pensent que l'opération du tan peut être troublée par le contact de l'air, par le soleil, la gelée et l'orage, et que par conséquent il ne faut jamais ouvrir les fosses sans nécessité : sans désapprouver cette précaution, nous ne pouvons décider jusqu'à quel point elle peut être avantageuse et sur quelle base elle repose.

41. L'écorce n'a pas la même qualité dans tous les pays, ce qui fait que les tanneurs varient beaucoup dans la quantité qu'ils en emploient. Dans le Languedoc, on dépense deux cents livres de tan pour un cuir de cinquante livres.

Pour un cuir de cent livres à la raie, on emploie deux cent vingt-cinq livres de poudre en totalité.

Trente ou quarante livres d'écorce suffisent en première poudre pour les bœufs de la Bresse qui communément ne pèsent guère plus de vingt-trois livres façonnés.

43. Quelques tanneurs prétendent que les cuirs à la

chaux doivent rester en fosse plus long-temps : la raison
qu'on en peut donner, c'est que, n'ayant pas été disposés d'a-
vance à être imprégnés des parties salines du tan , leur tannage doit nécessairement être plus retardé. C'est une erreur, les cuirs à la chaux ne demandent pas plus de fosse
que les autres.

43. Les cuirs gagnent davantage en restant dans la dernière écorce plus long-temps que dans la première, et en
voici la raison : le cuir nouvellement couché, pompant
avec promptitude la substance tannante de l'écorce, n'acquerrait aucune qualité en séjournant dans cette écorce entièrement privée de ses parties actives ; il n'en est pas de
même de la dernière écorce, car trouvant le cuir déjà
rendu plus dur, et plus compact par le tannage, elle ne
peut jeter son feu et se dépouiller de tous ses sels que
d'une manière insensible et longue ; ce qui le prouve
incontestablement, c'est que le cuir pourrait se corrompre
en restant trop long-temps dans la première poudre, et
qu'au contraire, plus il reste dans la dernière et plus il acquiert de qualité.

44. M. Delalande prétend que les gros cuirs ne sont pas
les seuls qui, comme nous l'avons dit (38), aient besoin
de plus de trois écorces, et qu'on doit en donner nécessairement quatre à ceux qui sont secs, appauvris, ingrats de
leur nature, ou bien qui ont été manqués dans les passements, et que cette quatrième écorce, composée de quarante
livres de tan pour chaque cuir, dure ordinairement trois
mois. C'est encore une erreur ; le tannage ne peut en rien
changer la nature du cuir ; ceux dont on vient de parler
n'acquerraient aucune qualité en restant plus long-temps
dans les fosses.

Les cuirs minces, qu'on nomme *veules*, n'exigeant pas

autant de nourriture, on leur donne un peu moins d'écorce qu'aux autres.

Quelques tanneurs emploient, pour remédier au défaut d'épaisseur et de fermeté de certains cuirs, un moyen que nous ne croyons pas devoir passer sous silence. A la troisième écorce, ils répartissent sur toute la fosse une demi-livre ou trois quarterons de poudre d'alun, et ils prétendent que l'alun, ainsi mélangé avec le tan, produit souvent un excellent effet. Ce procédé cependant n'est usité ni à Paris, ni dans aucune des fabriques d'où nous avons tirés des renseignements.

DE LA DURÉE DU TANNAGE.

45. Peut-être quelques tanneurs, ou pressés pour la rentrée de leurs fonds, ou déterminés par le désir de jouir plus promptement du fruit de leur travail, laissent-ils trop peu de temps leurs cuirs en fosse; il est constant qu'en y restant davantage, ces cuirs acquerraient plus de qualité et plus de force; mais cependant il est constant qu'il y a un excès à éviter, et un point de saturation au-delà duquel un cuir en restant en fosse perdrait plus qu'il ne gagnerait.

Les meilleurs fabricants conviennent que dix-huit à vingt mois de tannage suffisent pour les plus gros cuirs, et que jusqu'à cette époque le cuir gagne en qualité et en pesanteur, mais qu'au-delà de ce terme, s'il ne perd pas, au moins il n'acquiert plus.

46. Sans doute il serait très avantageux pour les tanneurs de découvrir un moyen assuré pour abréger la durée du tannage; mais toutes les tentatives faites à ce sujet ont jusqu'ici été infructueuses : cependant nous allons indiquer un procédé conseillé par un auteur respectable, et qui

peut-être pourrait être adopté avantageusement, mais nous ne garantissons pas les résultats. Voilà comment cet auteur s'exprime :

« On sait que les récoulements avancent les lessives, et que le jus de tannée se forme et se perfectionne en le faisant repasser souvent sur le même marc : on pourrait donc ménager dans un coin de la fosse où l'on couche les cuirs un puisard formé avec deux planches, pour y introduire une pompe : on puiserait par ce moyen le liquide filtré au travers de la tannée, toutes les fois qu'il se serait amassé dans le puisard, ce qui pourrait arriver deux ou trois fois la semaine, et on le renverserait sur la fosse. Ces filtrations réitérées seraient un moyen sûr de tirer tout le parti possible de cette écorce, d'en dissoudre tous les sels, d'en imbiber et d'en pénétrer les cuirs, de les entretenir toujours mous et toujours ouverts jusqu'à ce que le tan les eût pénétrés et abreuvés convenablement. L'expérience aurait bientôt appris à quel terme il conviendrait d'arrêter ces filtrations et ces reversements, et il paraît qu'on gagnerait beaucoup de temps en suivant cette méthode. »

Ce procédé n'est suivi dans aucune tannerie, au moins d'après les notes qui nous ont été communiquées : ce qui peut laisser des doutes bien fondés sur son efficacité.

47. On prétend que l'alun pourrait beaucoup contribuer à rendre le cuir plus fort et plus dur, et que s'il existait une matière aussi astringente et aussi styptique que l'alun, et qui fût en même temps aussi commune que l'écorce de chêne, cette matière devrait être employée préférablement à toute autre, puisqu'elle abrégerait beaucoup la durée du tannage ; mais l'alun n'est pas assez commun pour qu'on puisse l'employer dans la tannerie, où il en faudrait une quantité considérable.

C'est une très grande erreur : il est reconnu que l'alun ne renferme aucune partie tannante, et que les cuirs préparés avec cette matière seraient d'un très mauvais usage pour chaussure, parce qu'ils seraient susceptibles de s'amollir par l'humidité, et que dès lors ils ne conserveraient plus aucune consistance.

DU SÉCHEMENT DES CUIRS.

48. Quand les cuirs ont été tirés de la fosse, on les laisse dans l'état où ils sont, sans les battre ni les balayer, et on les place à l'ombre pour les faire sécher; on a grand soin surtout de les mettre dans un lieu où ils ne soient pas assez enfermés pour moisir, car la moisissure leur est très contraire et diminue leur qualité. On doit aussi éviter de les exposer au soleil, parce que, suivant l'*Encyclopédie méthodique,* la chaleur, en précipitant la dessiccation, les rendrait raides et cassants. Pour faire sécher les cuirs, on les étend sur une perche, ou bien on les suspend à des clous par la tête, et comme il est important que l'air donne également partout, et qu'ils sèchent en même temps dans toutes leurs parties, on les tient exactement ouverts avec quelques bâtons, dont chaque bout est soutenu par les ventres du cuir.

Tous les bons fabricants ont soin d'avoir, pour faire sécher leurs cuirs, un grenier plus ou moins grand, mais placé à l'abri du soleil et du grand vent, et percé par des ouvertures ou des fenêtres ménagées, de manière à ce qu'il y existe toujours un air courant.

49. Avant que les cuirs soient entièrement secs, c'est à dire quand ils blanchissent et qu'ils commencent à devenir plus raides, c'est l'état où l'on doit les dresser; alors on les

étend sur un terrain net, on les frotte avec la tannée qui est resté dessus, afin de les approprier ; pour les bien dresser, pour en aplatir les inégalités, les bosses et les saillies, on les frappe avec la plante du pied, surtout du côté de la chair, ensuite on les empile, de manière à ce que les bordages se croisent alternativement tête à tête et queue à queue, et on les laisse ainsi une journée entière. Il faut bien prendre garde de mélanger les petits cuirs avec les grands ; il faut faire une pile des grands et une seconde pile des petits.

50. Les cuirs ayant ainsi passé la nuit en pile, on les remet le lendemain sur perche, ou bien on les accroche et on les laisse ainsi sécher pendant l'espace de quatre jours. Quand ils sont presque secs, on les met en pile, on les couvre de planches, sur lesquelles on met de grosses pierres ou de gros poids, et ils restent en presse pendant vingt-quatre heures.

Autrefois on ne battait les cuirs que quand il étaient un peu trop mous, ou qu'ils tiraient du grain ; mais les bons tanneurs ayant observé que le battage contribue à raffermir les cuirs, à les unir et à les lisser, ont adopté la méthode de les battre tous, et pour cet effet, ils se servent de tables de marbre et de maillets de cuivre ou de fer.

Après le battage, on met de nouveau les cuirs à l'air pour les faire entièrement sécher. Quand ils ont atteint le degré nécessaire de sécheresse, on les place dans un lieu frais, et pendant trois semaines, on les change de temps à autre de situation. Tantôt on les retourne, on les empile et on les charge ; tantôt on les développe en forme d'éventail, ayant soin de mettre dos sur bordage ; enfin quand ils ont éprouvé ces changements de position pendant trois semaines ou un mois, ils sont entièrement confectionnés et en état l'être employés par les cordonniers, et mis dans le commerce.

On a prétendu que les cuirs, quoique bien secs, gagnaient à être gardés plus long-temps ; qu'en leur donnant environ un mois de cave, toutes les parties actives du tan achevaient de pénétrer et d'agir ; mais il est reconnu que cette précaution est absolument inutile pour les cuirs qui sont bien tannés.

51. Les tanneurs, dans certains pays de la France, ne salaient les cuirs à la chaux que de fleur, et laissent le tan qui se trouve du côté de la chair, parce qu'ils prétendent que cette tannée nourrit le cuir, surtout quand il est plié. Ils ne battent point ces mêmes cuirs sur la pierre, et en cela ils ont tort, d'abord pour les raisons que nous avons données (50), et ensuite parce qu'il existe une différence palpable entre les cuirs battus et ceux qui ne le sont pas. Ce qui confirme notre opinion, c'est que les cordonniers qui veulent se faire une réputation avantageuse en donnant de bonnes semelles, battent ces semelles longuement et fortement. Il est bon d'observer que les cuirs à la chaux doivent être battus quand ils sont encore humides, parce qu'ils casseraient du côté de la fleur si cette opération était faite quand ils sont secs.

52. Cette méthode est aussi observée chez les Anglais, non pas, à la vérité de la même manière, mais leur procédé tend absolument au même but. Voici, au reste, comment ils opèrent, suivant M. Delalande, dont nous empruntons cet article.

Lorsque les cuirs sont étendus sur les perches, la fleur en dehors, on prend un petit maillet fait d'un bois très dur et arrondi, avec lequel on frappe l'intérieur de la surface à coups redoublés dans tous les points; on leur redonne

I.

2

ainsi la forme naturelle d'un bœuf ou à peu près, et c'est sous cette forme que les tanneurs ont coutume de les vendre. On fait la même opération le matin et le soir, et si les cuirs sèchent trop vite, on les arrose avec un balai, pour leur rendre la moiteur nécessaire, par le moyen de laquelle ils se compriment et se durcissent sous le maillet.

53. On assure que les cuirs à l'orge ont plus besoin d'être battus que les autres. Cette exception est inutile, puisque le battage convient à tous les cuirs.

PROCÉDÉ SUIVI PAR LES ANGLAIS POUR LE TANNAGE.

54. Nous pensons être agréables à nos lecteurs en leur donnant un léger aperçu de la méthode adoptée en Angleterre pour le tannage.

Les fosses à Londres sont ou de bois ou revêtues en bois : on a soin de les entretenir de manière à ce qu'elles né perdent pas l'eau. Pour une fosse de quinze à seize cuirs, on emploie d'abord deux corbeilles de tan (dix-huit boisseaux, mesure de Paris) ; ces fosses sont toujours entièrement remplies.

La première fosse, où les cuirs sont mis pendant un mois, est presque épuisée ; ces cuirs passent ensuite progressivement dans quatre autres fosses ; ils restent trois mois dans chacune des trois premières, où l'on a soin de les remuer ; mais on ne les remue pas pendant le mois qu'ils restent dans la dernière ou cinquième. A côté de chaque fosse est établi un puisard dans lequel se forme le premier jus, qui est retiré par le moyen d'une pompe et rejeté sur les cuirs.

Les cuirs sont retirés tous les huit jours des seconde, troisième et quatrième fosses, quand on les rabat, ce qui s fait sans aucun rangement, mais en les jetant au hasard ; on répartit entre chacun deux corbeilles d'écorce nouvelle et très fine. On a soin de recouvrir d'écorce le cuir qui se trouve le dernier.

55. Il est démontré que le tannage à Londres ne dure communément qu'une année, et que les cuirs qu'on laisse plus long-temps en fosse sont ceux qu'on nomme difficiles à tanner; il est rare même que les cuirs de cette espèce restent en fosse dix-huit mois.

CUIR DE LUNETIER.

56. Les cuirs dont se servent les lunetiers sont les seuls qui se préparent uniquement avec la chaux. Après que ces cuirs ont été gouvernés pendant quatre à cinq mois sur les plains, les lunetiers les prennent lorsqu'ils sont encore humides; ils les tendent fortement avec des clous, de manière à ce qu'ils ne contractent ni bosse, ni plis, et les laissent ainsi sécher. Ces cuirs en séchant se réduisent à l'épaisseur à peu près d'une ligne ou d'une ligne et demie, et ressemblent à de gros parchemins. Quand ils sont parfaitement secs, l'ouvrier les coupe avec des fers ronds et tranchants pour faire des cercles ou entourages de lunettes.

DU TISSU ET DE LA QUALITÉ DES CUIRS.

57. Suivant M. Delalande, les cuirs et toutes les peaux en général sont composés d'un grand nombre de couches de fibres entrelacées en forme de réseau et qui se coupent dans tous les sens, de manière que dans quelque sens que le cuir soit coupé, il conserve toujours la même force, pré-

sente le même aspect, paraît avoir son droit fil de tout côté, et résiste également en long et en large.

J'ai vu plusieurs tanneurs qui m'ont assuré que les cuirs prêtaient beaucoup plus en large qu'en long : cette opinion se trouve en contradiction avec celle de M. Delalande.

58. M. Delalande préte1d encore que le cuir bien tanné peut se conserver très long-temps ; qu'il n'est point sujet à corruption ; qu'on a vu des cordonniers en garder pendant quinze ans sans qu'il se soit détérioré, en ayant soin toutefois de le préserver également de la sécheresse et de l'humidité. Cependant d'excellents fabricants, que j'ai consultés à ce sujet, m'ont dit, d'une manière positive, que les cuirs gardés plus de deux ans perdaient beaucoup de leur qualité.

59. Les négociants qui ont beaucoup de cuirs destinés à être vendus dans un court délai, mouillent souvent leurs magasins dans tous les sens, afin de conserver, par ce moyen, la fraîcheur de leurs cuirs, qui absorbent l'humidité de l'air et parfois acquièrent même du poids. Mais ce procédé n'est pas conforme à la stricte équité, et si nous l'indiquons, c'est pour le signaler comme un abus.

60. Pour connaître si un cuir est bien apprêté, on examine la coupe, qui se fait ordinairement à la gorge, au dos ou vers la culée, parce que ces parties sont les plus épaisses du cuir. Si cette coupe est luisante, si le nerf est serré, si le cuir présente à l'intérieur la couleur d'une noix de galle ou d'une muscade en dedans, si enfin on y aperçoit de la verdure et une tranche marbrée, on juge que le cuir est de bonne qualité.

Plusieurs tanneurs fort instruits m'ont assuré qu'un cuir bien tanné ne devait jamais conserver de verdure, et qu'à l'exception de la fleur il devait être partout de la même couleur.

On trouve quelquefois des cuirs qui sont ouverts, spongieux, légers et qui ne présentent à la coupe qu'une couleur brune. Ces cuirs doivent être regardés comme mauvais, et peuvent avoir été détériorés soit par le tan dans lequel ils ont restés trop long-temps et qui les a brûlés, soit par la chaux, soit par le passement, soit enfin par le défaut d'eau, quand, par exemple, la fosse ou la cuve dans laquelle les cuirs sont couchés n'étant pas bien close, elle perd le jus du tan et reste à sec.

61. M. Delalande indique les moyens suivants pour s'assurer si un cuir est bien ou mal apprêté :

1° On verse avec le bout du doigt une goutte d'eau sur la fleur, ou plutôt sur la tranche ; si cette goutte d'eau s'étend et ne reste pas telle qu'elle a été mise, c'est une preuve que le cuir est spongieux et qu'il est mal tanné, par conséquent qu'il sera d'un mauvais usage.

2° Il conseille de peser un morceau de cuir, de le mettre dans l'eau, et de l'y laisser pendant quelques jours ; de le peser de nouveau en le retirant de l'eau, et d'examiner de combien son poids se serait augmenté ; on pourrait juger, d'après la quantité d'eau imbibée, s'il est plus ou moins spongieux, et par conséquent s'il est bien ou mal apprêté.

62. D'après l'*Encyclopédie méthodique*, on reconnaît les cuirs qui n'ont pas été suffisamment nourris par l'écorce à une raie blanchâtre qui règne dans le milieu de leur épaisseur, et qu'on appelle la *corne* ou la crudité du cuir.

La couleur du cuir à la chaux est noirâtre du côté de la fleur, rouge du côté de la chair, roussâtre dans la tranche.

Celle du cuir à l'orge est ardoisée du côté de la fleur, blanchâtre sur la chair et du côté de la tranche.

Suivant le même auteur, quand la tranche du cuir est

luisante, marbrée, de la couleur de l'intérieur d'une mus
cade, et qu'elle présente un tissu serré, on doit en conclu
que le cuir est de bonne qualité.

Si, au contraire, la tranche est terne, jaunâtre ou noi
râtre, s'il se trouve une raie noire ou blanchâtre au milieu
si le tissu paraît lâche ou ouvert, il s'ensuit nécessairemen
que le cuir a été mal apprêté.

DU CUIR A L'ORGE.

63. Le second procédé au moyen duquel on parvient
opérer le gonflement des cuirs pour les disposer au tannage
est celui qu'on appelle *à l'orge*. Ce procédé, quoique pe
usité en France, est préférable à celui de la chaux, pou
plusieurs raisons, mais surtout parce qu'il produit son eff
en moins de temps et d'une manière plus parfaite. Cett
méthode consiste, comme nous l'avons déjà dit (2), à fai
aigrir une pâte de farine d'orge, et à délayer ensuite cet
pâte avec de l'eau, dans laquelle on fait tremper les cuirs
La fermentation acide qui s'établit dans les cuirs, au moye
de cette eau aigre, les dilate et les fait gonfler sans qu'o
doive craindre de les affaiblir ou de les brûler.

64. Les préparations préliminaires pour le cuir à l'orge
sont les mêmes que pour les cuirs à la chaux, c'est à di
que ces cuirs doivent être lavés, dessaignés, craminés
foulés.

On a prétendu que le cuir à l'orge était celui de tous q
demandait à être le mieux travaillé de rivière; mais c'e

une erreur, car ce cuir ne doit être que dépilé, et seulement rincé, pour la propreté, après le second ou le troisième passement; et si, par hasard, il se trouve des parties trop dures au débourrage, on les décrasse en sortant du quatrième passement; car il est essentiel que les peaux soient entièrement dégagées de leurs parties gommeuses ou plutôt huileuses; car si cette partie n'arrêtait totalement, elle retarderait au moins la fermentation des passements d'orge et empêcherait le tannage. M. Delalande assure que des tanneurs ont manqué leur opération pour s'être servi de cuves dans lesquelles il y avait eu de la colle.

65. Travailler à l'orge un cuir qui a été bien trempé et amolli, c'est donc le faire fermenter et gonfler au moyen de l'orge détrempée avec de l'eau, et c'est ce qu'on appelle un passement d'orge. Bien des tanneurs disent *bassement*, mais le terme est impropre.

66. Les passements se font maintenant dans des cuves de quatre pieds de hauteur sur autant de diamètre. Pour faire un passement de huit cuirs médiocres, pesant cinquante livres à la raie, on met de cent à cent dix livres d'orge. La manière d'employer la farine d'orge n'est pas uniforme partout, car certains tanneurs mettent toute la farine dans l'eau au moment où ils veulent faire le passement; d'autres font la veille un levain avec vingt-cinq livres de farine seulement qu'ils délaient dans de l'eau chaude, et ne mettent que douze heures après le surplus de la farine; d'autres enfin accélèrent la fermentation au moyen d'un peu de vinaigre. La véritable manière de faire un passement à l'orge est de mettre la farine ci-dessus désignée dans la cuve, et de verser dessus de l'eau seulement tiède, d'abord en petite quantité et suffisamment pour que l'orge puisse fermenter, et, après que la cuve est restée

vingt-quatre heures dans cet état, on remet de l'eau autant qu'il est nécessaire pour achever le passement. Cette eau peut être froide en été, mais en hiver il vaudrait beaucoup mieux la faire tiédir : d'après cela il est inutile de faire un levain.

J'ai su par des hommes de l'art qu'un excellent moyen de conserver la fraîcheur et l'acidité nécessaires pour une bonne fermentation, était de verser, en différents temps, sur un passement trois ou quatre bouteilles de vinaigre.

67. Avant de mettre les cuirs dans le passement, on les coupe en deux bandes. On a assez généralement l'usage de les laisser gonfler environ six semaines en été et trois mois en hiver; mais il est constant que trois semaines doivent suffire en été, et qu'il faut quelques jours de plus en hiver. Quoi qu'il en soit, comme il est certain que le contact de l'air facilite et entretient la fermentation, on lève les cuirs tous les jours, et on les laisse pendant deux ou trois heures sur des planches disposées à cet effet sur le bord des cuves.

68. D'après M. Delalande, à Sedan, on emploie pour préparer les cuirs à l'orge neuf à dix petites cuves qui contiennent à peu près six muids. Ces cuves ayant chacune un degré de force différent, diminuent d'un degré à mesure qu'elles servent : ainsi quand la seconde a servi une fois elle devient la première, et la troisième devient la seconde quand elle a aussi travaillé une fois, et ainsi de suite.

On met dans la première cuve cinq peaux qui y restent de vingt-quatre à quarante-huit heures; on les retire ensuite pour les mettre dans une seconde cuve qui est un peu plus aigre; retirés de la seconde, on les met dans une troisième plus forte encore; enfin les cinq peaux parcourent successivement les dix cuves. Ces cuves ont alors perdu chacune un degré, de sorte que la dixième devient la neuvième; la neuvième devient la huitième, etc.

Il n'est cependant pas nécessaire que les cuirs passent par ces dix cuves, car souvent ils ont acquis assez d'activité à la quatrième, à la troisième et même à la seconde, et alors l'opération est terminée.

Il est bon d'observer qu'à la dixième fois les cuves ne sont pas toujours entièrement épuisées, c'est à dire que l'eau conserve encore assez de substance aigre pour pouvoir servir; alors on conserve cette eau, et on la classe dans le rang qu'elle doit tenir.

69. Cette méthode n'est pas générale, car, dans plusieurs endroits, on se borne à trois cuves qui forment trois passements; de ces passements, l'un s'appelle *mort*, le second *faible*, et le troisième *neuf*. Il en est des passements à l'orge comme des plains à la chaux; l'un et l'autre procédé a pour but de débourrer les cuirs et de les faire gonfler. Ainsi quand un cuir est suffisamment amolli, on l'abat dans un passement mort, où il reste jusqu'à ce qu'il puisse être dépilé, et on le met ensuite dans les autres.

70. Quand on s'aperçoit, ce qui arrive souvent après le premier ou le second, et toujours après le troisième passement, que le poil quitte facilement la peau, on met cette peau sur le chevalet où il a été fait une couche, et on la débourre avec le couteau rond. On la jette ensuite, autant qu'il est possible, dans de l'eau courante, ou au moins dans une eau claire.

Autrefois on laissait ces peaux dans l'eau de douze à vingt-quatre heures, mais il est reconnu que deux heures sont suffisantes. On retire les cuirs de l'eau après les avoir bien rincés, et on les met dans le passement faible; on les y laisse jusqu'à ce qu'ils aient pris du corps, ayant soin de les lever et de les abattre une fois chaque jour. Tirés du passement faible, on les écharne et on les remet à l'eau. On les y laissait autrefois six heures ; on se borne maintenant à deux, et on les rince soigneusement. Les ouvriers appellent cette opération le *trempement du faible*. (Voyez le n° 64.)

Les bons tanneurs pensent que les peaux devraient être écharnées avant d'être mises dans les passements.

71. Pour faire le passement neuf, qui est le troisième, il faut douze livres de farine par cuir. On commence par faire un levain avec le quart de cette farine, et quand, après quelques heures, le levain commence à monter, on le délaie avec le reste de la farine dans une cuve où l'on a mis une quantité d'eau proportionnée au nombre des cuirs qu'on veut y abattre. Il faut lever et abattre tous les jours les cuirs tant qu'ils restent dans ce passement. Au reste, il n'est guère facile de déterminer d'une manière positive l'espace de temps nécessaire pour que le cuir soit suffisamment gonflé ; c'est au tanneur habile dans sa profession à le reconnaître par lui-même. Suivant l'*Encyclopédie méthodique*, on connaît qu'un cuir est suffisamment gonflé quand la partie du dos contracte de la disposition à se rouler.

Il est encore différents procédés qui varient suivant les localités.

On faisait autrefois beaucoup de cuir à l'orge dans une manufacture située faubourg Saint-Marceau, qui appartenait alors à M. Barois et compagnie ; c'est dans ce même emplacement qu'est située maintenant la fabrique de M. Salleron, où il ne se fait plus que des cuirs à la jusée. Voici la méthode qu'on suivait dans cette manufacture.

72. On conduisait à la fois cinq trains qui étaient de quatre cuves chacun ; ces cuves avaient trois pieds de hau-

teur sur quatre pieds et demi de diamètre ; on mettait dans chaque cuve huit cuirs, ce qui composait un train de trente-deux cuirs ; on les relevait exactement deux fois par jour.

Après quatre jours, on jetait le passement le plus faible, on lavait bien la cuve, et on y mettait un passement neuf. Le troisième passement devenait alors le dernier, et celui qui était le premier et le plus fort se trouvait le second.

On peut remarquer ici que, dans le cas où l'on voudrait suivre ce procédé, on pourrait faire un passement neuf tous les deux jours.

Les huit cuirs qui entraient tous les huit jours dans chaque train, se mettaient d'abord huit jours dans le quatrième passement qui était le plus faible ; après qu'ils y étaient restés ces huit jours, on les levait pour les mettre dans le troisième, et on les faisait passer de la même manière dans le second et dans le premier. Ils étaient alors arrivés au point où l'on pouvait les débourrer, et cette opération étant terminée, on les mettait dans les quatre autres passements.

On commençait par les mettre dans un passement qui n'avait servi qu'une fois ; au bout de quatre jours, on les mettait dans un autre passement de même espèce ; enfin on leur donnait deux passements entièrement neufs. Chaque cuir faisait donc deux fois le tour des quatre cuves ; même en suivant ce procédé, il vaudrait mieux multiplier les cuves, et en mettre huit au lieu de quatre. On donnait parfois aux cuirs un troisième passement neuf.

Pour faire un passement neuf de huit cuirs, il fallait dix boisseaux ras d'orge moulu, ce qui équivalait à cent trente livres ; on en mettait quelquefois plus, quelquefois moins. Sur ces dix boisseaux, on en prenait trois que l'on mettait la veille dans de l'eau chaude pour faire un levain. (Voyez n° 66.)

73. Trente-deux jours étaient suffisants, même en hiver, pour conduire les cuirs au degré de gonflement où ils devaient arriver pour être mis dans les passements rouges (ceux-ci s'appelaient passements blancs). Le froid retardant la fermentation, on était obligé parfois, en hiver, de verser sur les passements blancs quelques seaux d'eau chaude.

L'auteur de l'*Encyclopédie méthodique* pense qu'il faut six semaines en été, et deux mois en hiver, pour les passements blancs : c'est une erreur comme l'a démontré l'expérience.

On employait pour un cuir à l'orge pesant cent livres à la raie, environ deux cents livres d'écorce distribuées ainsi qu'il suit, savoir : cinquante en passement rouge, soixante en première poudre, cinquante en seconde poudre, et quarante en troisième. La quantité d'écorce varie suivant la nature de cette même écorce. En se servant de celle qui vient de Normandie, quand elle est de première qualité, on peut tanner un cuir de cent livres avec deux cents livres d'écorce ; mais avec de l'écorce de Bourgogne, il en faut au moins trois cents livres.

74. Les cuirs, comme nous l'avons déjà dit, sortant des passements blancs, étaient mis dans les passements rouges. Ces passements rouges étaient faits avec de l'eau claire : cependant des tanneurs instruits, avec qui j'ai eu quelques conférences, m'ont démontré que l'eau des fosses à jus serait infiniment meilleure.

75. Pour un passement rouge de six cuirs, on met dans une cuve, où l'on a déjà versé de l'eau en quantité suffisante, trente-cinq à quarante livres d'écorce grossièrement pilée, ou plutôt concassée, qu'on appelle *gros* ou *regros*, et en

même temps on abat aussi les cuirs dans la cuve. Pour ne pas perdre de temps, on a coutume de commencer cette opération le matin.

A midi, on relève les cuirs une première fois, on les laisse égoutter un demi-quart d'heure, et on les remet dans la cuve après avoir bien remué le passement.

A sept heures du soir, on lève une seconde fois les cuirs, on les laisse égoutter pendant un quart d'heure, on remet dans la cuve trente-six livres de nouveaux gros, on remue bien le passement, et on abat les cuirs. Cette opération doit être faite avec beaucoup de promptitude, parce qu'autrement le gros se précipiterait, et il s'ensuivrait que les cuirs du fond seraient beaucoup plus nourris que les autres.

76. Le second et le troisième jour, on relève les cuirs le matin, et on ajoute vingt-quatre livres de gros; on remue bien le passement, et on rabat les cuirs; on répète la même opération à midi et le soir, mais sans mettre de nouvelle écorce, et on laisse égoutter les cuirs une demi-heure chaque fois.

Le quatrième jour, on emploie le même procédé que la veille, mais on n'ajoute point d'écorce; on ne relève que le matin et le soir, et chaque fois on laisse égoutter pendant trois quarts d'heure.

Le cinquième jour, après avoir relevé les cuirs le matin, on les laisse égoutter pendant trois quarts d'heure; on procède ensuite ainsi qu'il suit : tandis que deux ouvriers remuent le passement, l'un de la surface au milieu, et l'autre jusqu'au fond, on rabat les cuirs, qui doivent avoir la chair tournée en bas; on jette entre chacun d'eux quelques poignées d'écorce; on en jette aussi sur le dernier dont la chair est retournée en haut. On emploie quarante-huit livres de gros pour ce dernier passement. Quand les cuirs y sont restés huit à dix jours en repos, on les relève pour la dernière fois, on les rince dans le passement même; ils ont alors ce qu'on appelle une couleur.

77. Un des effets du passement rouge est de commencer à raffermir les cuirs, et à les disposer par degrés à prendre la nourriture du tan. Un cuir qui n'aurait pas été mis dans les passements rouges, pourrait d'abord être surpris dans la fosse par une nourriture trop forte, perdre son gonflement, se racornir, tirer du grain, et n'être pas susceptible de recevoir la partie astringente et dessiccative du tan, dont il doit être pénétré pour être parfaitement préparé. C'est l'avis de M. Delalande; mais, suivant les bons tanneurs, ce serait plutôt dans les passements, s'ils étaient trop forts, que dans la fosse que les cuirs pourraient prendre du grain; la nourriture de la fosse ne peut jamais être trop forte, et le cuir ne peut ni se racornir, ni perdre son gonflement dans la poudre.

78. Il n'est pas nécessaire de couvrir les passements rouges; il faut seulement avoir soin de les entretenir toujours pleins jusqu'à deux pouces du bord.

C'est donc après cette dernière opération qu'on met les cuirs en fosse.

79. Les procédés pour coucher en fosse les cuirs à l'orge sont les mêmes que pour les cuirs à la chaux. (Voyez n° 25.)

Cependant il en est qui prétendent que les premiers demandent un peu plus d'écorce que les derniers, et ils portent la quantité en plus à un cinquième. Dans certaines fabriques, on dépense pour un cuir de cent livres en poil, préparé à l'orge, deux cent vingt-cinq livres d'écorce, savoir : quatre-vingt-cinq livres pour la première, soixante-

quinze pour la seconde, et soixante-cinq pour la troisième.

Cette opinion est en opposition avec celle des tanneurs,
qui affirment que les cuirs à la chaux doivent rester en fosse
trois à quatre mois plus que les cuirs à l'orge, et que par
conséquent ils exigent une quatrième poudre. La raison
qu'ils en donnent est que les cuirs à l'orge ayant été mis
dans les passements rouges, ont par là été déjà disposés à
être imprégnés des parties salines du tan, tandis que les
cuirs à la chaux n'ont pas le même avantage.

DES CUIRS FAÇON DE VALACHIE.

80. On appelle cuirs de Valachie, ou façon de Valachie,
ceux qui sont préparés à l'orge dans une seule cuve chaude.
On les a ainsi nommés parce qu'on assure que la méthode
suivie pour leur préparation nous vient des Valaques,
peuples qui habitent les bords du Danube, entre la Bul-
garie et la Pologne, et qui, gouvernés par un prince
particulier, sont tributaires du grand Turc. Voilà en quoi
consiste cette méthode qui fut proposée, en 1747, par
M. Teybert, et dont M. Delalande nous a donné la description suivante :

81. Après que les cuirs sont revenus ou ramollis dans
l'eau, on les foule aux pieds, et on leur passe le couteau
rond sur chair, afin de les rendre souples ; on les rince ensuite de nouveau pour les nettoyer de toutes les ordures
qui pourraient les piquer, et on les met égoutter sur des
perches.

Après cette opération, il faut examiner, soit sur la perche,
soit au flottage, si le poil se détache aisément, ce qui peut
arriver en été et dans les pays chauds, sans autre prépara-

tion ; dans ce cas, on pourrait dépiler les peaux sur le chevalet : hors de là, il faut les saler pour qu'elles puissent être en état d'être pelées.

MANIÈRE POUR FAIRE TOMBER LE POIL.

82. Lorsqu'on a des peaux fraîches qui viennent de la boucherie, et dont il faut faire tomber le poil, on se sert de la fermentation. Dès qu'on a coupé la queue, les cornes et les oreilles, on sale les cuirs sans les mettre tremper.

La salaison d'un cuir fort consiste à répandre deux ou trois livres de sel de morue, d'alun et de salpêtre sur chaque moitié de cuir ; on renverse l'autre moitié sur celle qui a été salée, et on les applique l'une sur l'autre, le plus également qu'il est possible.

Les cuirs étant ainsi salés, on les met en pile les uns sur les autres, on couvre la pile avec de la paille ou avec un gros sac : dans cet état, ils commencent bientôt à fermenter et à s'échauffer ; on les retourne une ou deux fois par jour, en changeant de plis et de côté, pour que la fermentation soit uniforme, et qu'il n'y ait pas de parties plus endommagées que d'autres.

Cette fermentation dispose le poil à se détacher ; on n'attend pas qu'il tombe de lui-même ou qu'il soit trop aisé à arracher, on courrait risque de laisser endommager la fleur du cuir.

Si quelque obstacle empêchait de pouvoir faire la dépilation le jour où les cuirs sont assez échauffés, il faudrait les jeter dans l'eau pour un jour ou deux, mais pas davantage, car ils seraient en risque de se gâter même dans l'eau.

Lorsqu'on aperçoit que certaines peaux sont plutôt échauffées que les autres, on a soin de les retirer de la pile, et d'y laisser celles qui ont encore besoin de l'échauffe.

83. On peut aussi faire tomber le poil par l'échauffement sans employer le sel : il ne s'agit que de plier en chair, patte sur patte, et bien exactement, les cuirs qu'on veut mettre en échauffe ; de les coucher l'un sur l'autre sur un lit de paille de litière (elle est plus souple et plus propre à la fermentation que la paille neuve), et de leur faire ensuite une couverture de la même paille, mais en plus grande quantité que celle qu'on a mise. On laisse les cuirs passer un jour dans cet état.

Le lendemain, on les change de côté : une partie de la paille de dessus sert à faire un lit plus mince sur lequel on les recouche, en commençant par celui de dessus ; le reste de la couverture, avec la paille qui leur servait de lit, s'emploie à les recouvrir ; on les laisse encore un jour dans ce second état, plus ou moins, suivant que le poil est plus ou moins adhérent, et comme il serait dangereux de les laisser trop échauffer, on a soin de les visiter deux fois le jour, pour examiner le moment où le degré de fermentation sera suffisant pour faire quitter le poil, et non au-delà.

84. Il faut que le poil crie lorsqu'on l'arrache, et qu'il fasse une résistance médiocre. Il suffit qu'on puisse l'arracher à force de poignet. Plus la dépilation est dure, mieux le cuir s'en trouvera, parce qu'il n'aura pas été attendri par l'échauffe.

Si avant de mettre les peaux en échauffe, on aperçoit des endroits dont le poil ait quitté, il faut les bassiner avec une éponge ou un linge détrempé d'eau et de sel, pour empêcher qu'ils ne s'échauffent davantage avant que le reste du poil soit disposé à tomber.

En employant du fumier bien chaud, on abrégerait de

moitié la durée de l'échauffement ; mais il faudrait y enfouir totalement les cuirs, et veiller avec grand soin sur le moment précis où le poil serait prêt à quitter.

Le meilleur serait encore de supprimer totalement cette opération, parce qu'elle est dangereuse pour peu qu'on la manque, qu'elle attendrit trop le cuir, et que l'on peut y suppléer, soit en rasant les cuirs (cette méthode n'est plus observée nulle part), soit en observant le temps où le poil se dispose à quitter de lui-même, deux ou trois jours avant le point de *rebattre*, c'est à dire avant le temps où les cuirs sont en état d'entrer en passement.

COMPOSITION DES PASSEMENTS.

85. Tandis que les cuirs s'échauffent, on prépare un levain avec de la farine de bon froment, pour les faire gonfler ; vingt livres de farine ayant été délayées dans de l'eau, et pétries comme de la pâte de pain, avec un peu de vieille pâte, on y ajoutera, si l'on veut, un demi-setier ou huit onces de vinaigre, pour développer l'acide avec plus de promptitude, et on laissera ce levain bien couvert, et à une douce chaleur, pendant deux, trois ou quatre jours, sans y toucher, couvert d'une toile ou d'une étoffe de laine ; alors il sera suffisamment aigre, et propre à former la composition dans laquelle les cuirs doivent gonfler. Les vingt livres de farine que nous avons prescrites pour le premier levain suffiront à six ou sept grands cuirs de quatre-vingts livres à la raie, ou à neuf ou dix cuirs de jeunes bêtes : ces vingt livres de farine produisent trente livres de levain, parce qu'il faut un tiers d'eau chaude pour la pétrir.

86. M. Guinard, inspecteur, qui travailla, en 1748,

d'après les principes de Teybert, reconnut qu'un premier levain sans vinaigre pouvait suffire, et qu'on devait l'employer le lendemain ou le surlendemain, parce que, suivant la remarque des boulangers, le levain perd au lieu d'acquérir de la force, quand il a passé les vingt-quatre heures, ou deux jours en temps froid. Lorsque le levain est bien aigre, il s'agit d'entreprendre la composition ; on emploie à cet effet une cuve de cinq pieds de diamètre sur trois pieds de hauteur : il suffit d'une seule cuve pour un travail de six cuirs; mais si l'on veut en conduire un plus grand nombre, il faut employer plusieurs cuves semblables.

87. Les cuves que l'on emploie doivent être bien nettes et bien purgées de matières étrangères qu'on aurait pu y mettre auparavant, telles que la chaux, la colle, l'huile ou autres substances qui ne sont point propres à la fermentation acide qu'il s'agit de produire.

On remplira chacune de ces cuves, qui doivent servir à faire des passements, jusqu'à la moitié de leur hauteur, avec de l'eau claire et nette. On retirera de chacune de ces cuves six ou sept seaux d'eau, que l'on mettra dans une chaudière sur le feu; lorsque cette eau sera bien bouillante, on en prendra une portion avec laquelle on délaiera, dans un vaisseau particulier, environ soixante livres d'orge moulue, pour chaque passement de six grands cuirs. On aura soin de bien écraser tous les grumeaux, qui seraient de la matière perdue et sans action, et l'on achèvera d'éclaircir cette pâte avec de l'eau froide jusqu'à la consistance d'une pâte que l'on destinerait à faire de la colle très forte.

La pâte ainsi délayée se remet dans la chaudière ; on la remue sans interruption avec un bâton pour empêcher que la farine ne se dépose et ne se brûle au fond de la chaudière, et on la laisse bouillir à gros bouillons, de façon qu'elle s'élève jusqu'à trois fois.

On répartit cette colle de farine dans les cuves destinées aux passements ; on la remue avec une pelle, d'abord à droite, ensuite à gauche, pour faciliter le mouvement intestin qu'on se propose de produire : la dernière fois qu'on change de main, il faut opposer la pelle à la circulation du liquide pour l'arrêter brusquement ; cela aide la fermentation : les cuisiniers savent bien qu'on fait tourner le lait en le remuant des deux sens.

88. Les passements étant ainsi composés d'eau et de farine, on retire de chacun un ou deux seaux de cette composition, qu'on remet sur le feu pour le levain, et l'on couvre en attendant, avec des planches bien jointes, les cuves des passements.

Aussitôt que la composition commence à frémir sur le feu, même avant le premier bouillon, on retire la chaudière de dessus le feu ; et l'on se sert de cette composition pour délayer, dans un vaisseau séparé, le levain de froment qui a été décrit ci-dessus. Ce levain ainsi délayé avec la composition d'orge, se verse sur les cuves à parties égales ; quelquefois aussi on le fait chauffer pour augmenter la chaleur de la composition.

Ces cuves ou passements doivent être chauds, de manière cependant qu'on puisse y tenir la main jusqu'à la moité du bras sans un élancement douloureux ; on répand sur chaque cuve six livres de sel, on les remue et on les couvre de nouveau pour les laisser aigrir pendant dix ou quinze jours ; on a soin de les remuer et de les brouiller toutes deux fois le jour ; mais on les couvre aussitôt de peur qu'un air trop froid n'arrête ou n'interrompe la fermenta-

on. Le sel, dont nous venons de parler, passe pour être
s nécessaire, afin de corriger l'acide de la composition :
n a vu des cuirs qui avaient tous leurs bordages rouges
our avoir gonflé sans sel.

89. Les cuirs qu'on a mis en échauffe ayant été dépilés
vec le couteau rond ou la queurse, le sable ou la cendre,
n les porte dans de l'eau claire et courante pour les bien
aver, tête en queue et queue en tête, tant en fleur qu'en
hair; on les enfile trois à trois à un bout de corde; on les
ance comme un épervier bien avant dans l'eau, où ils enfoncent aisément; on les y laisse quatre à cinq jours, jusqu'à ce qu'ils soient suffisamment rebattus, ayant attention
de les en retirer deux fois le jour, de les rincer, de les laisser
égoutter un moment, et de les lancer ensuite de nouveau
l'eau : par ce moyen l'on évite le limon que l'eau
charie toujours avec elle, et qui, séjournant dans les cuirs,
pourrait les piquer. Les cuirs qui n'ont pas été ainsi rebattus, paraissent tirer du grain, ce qui marque dans cet
état-là un défaut de souplesse; ils sont aussi plus durs à
tanner.

A défaut de rivière, on peut faire rebattre les cuirs dans
un bassin ou dans les cuves, en les changeant d'eau tous
les jours : il faut qu'on les ait ramollis au point que la fleur
même soit souple, et qu'en appuyant l'ongle sur la fleur,
elle y laisse sa trace. Les peaux paraissent aussi un peu
jaunes quand elles ont été bien rebattues, et souvent on y
aperçoit de petites taches violettes. Les cuirs étant bien rebattus, on les écharne, soit avec le demi-rond, soit avec la
faux, qui est plus usitée en Allemagne.

90. L'écharnement ou décharnement n'est pas une opération essentielle; il n'ajoute rien à la qualité, mais c'est
un travail de propreté. Décharner au vif, ou découvrir la

veine, c'est enlever, à force de bras, avec le demi-rond
toutes les pellicules, les parties de chair et autres choses
inutiles qui tiennent aux peaux, de manière que le côté de
la chair paraisse aussi blanc et, pour ainsi dire, aussi uni
que la fleur.

Après avoir décharné au vif, il s'agit de raser les cuirs,
parce qu'ordinairement la dépilation n'a pas été faite si
exactement qu'il n'y reste quelques duvets que l'on est obligé
d'enlever avec la faux, instrument beaucoup plus tranchant
que le couteau rond ou la queurse qui servent à dépiler.

Pour raser les cuirs, il faut nécessairement faire une
couche, c'est à dire étendre sur le chevalet plusieurs peaux
sur lesquelles on met celle qu'il s'agit de raser : au moyen
de cette couche, la fleur ne court aucun risque. Après avoir
jeté un seau d'eau sur la couche, pour la laver, on passe la
peau du côté de la fleur avec le demi-rond pour en faire
sortir la crasse et en tendre le nerf. Le couteau à deux
manches, que les hongroyeurs appellent la *faux*, vaut
mieux pour le rasement que le couteau à écorner dont les
tanneurs se servent ordinairement, quoique bien aiguisé.

91. Mais il faut bien savoir manier la faux, ce qui n'est
pas donné à tous les ouvriers; il faudrait, pour ainsi dire,
avoir fait un apprentissage semblable à celui d'un barbier
pour bien raser les cuirs. Pour plus de facilité dans les dé-
charnements et le rasement, il est bon de tenir dans l'eau
pendant l'opération, les couteaux dont on ne se sert pas
actuellement.

S'il survenait des jours de fête ou autres obstacles qui
empêchassent le décharnement et le rasement, on pourra
suspendre le travail pour quelques jours en mettant les
peaux dans de l'eau fraîche, surtout dans de l'eau de puits;
c'est la plus propre à suspendre la fermentation.

A mesure que les peaux sont rasées, on les met dans de l'eau claire, et quand le rasement est achevé, on les rince et on les porte égoutter sur une perche pendant vingt-quatre heures. Si l'on veut recouler les peaux sur le chevalet, on sera dispensé de les laisser ainsi sur des perches.

92. Pendant qu'on rase les peaux, et même auparavant, on compose un second levain de la même manière que celui dont il a été parlé; on y emploie seulement seize livres de farine pour six cuirs, au lieu de vingt livres qu'on mettait dans le premier levain, et l'on met ce second levain, comme le premier, dans un lieu chaud, propre à exciter la fermentation. Les seize livres de farine feront vingt-cinq livres de levain à peu près.

On transvase ensuite la liqueur aigre et claire de la première composition; on en jette le marc, et l'on remet le clair dans la cuve où doit se faire le passement, pour en former une seconde composition qu'on appelle le complément, et qui se fait comme la précédente.

La cuve contenant ainsi de l'eau claire et aigre, on puise dans chacune six à sept seaux que l'on remet dans une chaudière sur le feu : lorsque cette eau a bouilli jusqu'à s'élever trois fois, on en retire une partie pour y démêler encore cinquante livres d'orge moulue, c'est à dire environ huit livres pour chaque cuir; on y verse peu à peu le reste de la liqueur chaude.

Cette liqueur ayant bien délayé la nouvelle farine d'orge, on remettra le tout dans la chaudière, et après l'avoir fait bouillir légèrement, on la répartira tout entière sur les passements.

93. Les passements ayant été bien remués avec la nouvelle eau d'orge, on en retirera un seau ou deux qu'on mettra chauffer. Lorsque cette eau frémira, on y délaiera le

second levain fait ci-devant avec seize livres de farine, et l'on versera ce second levain ainsi délayé dans différentes cuves : on ajoutera à ces nouvelles cuves cinq à six livres de sel, comme on l'a dit des autres cuves; on remuera bien les passements, on en lèvera deux ou trois seaux pour remettre sur le feu pendant tout le gonflement; on en ôtera aussi plusieurs seaux pour mettre en réserve, en sorte qu'il ne restera que huit pouces de liquide. Les attentions qu'on a présentées ci-dessus pour faire le principe de composition, doivent être également observées dans ce second travail, qu'on appelle le *complément*.

94. Si cette manière de procéder par deux orges et deux levains, pour former un passement blanc, paraissait trop embarrassante, on pourrait sans doute y parvenir plus simplement; employer tout de suite trente livres de levain, cent vingt livres d'orge et dix livres de sel pour chaque passement qui doit servir à six cuirs; mais je décris ici avec une extrême exactitude, à telle fin que de raison, le procédé apporté par Teybert, dans lequel on trouvera peut-être un scrupule mystérieux.

Les tanneurs à l'orge, dans la méthode ordinaire, emploient en une fois, dans leur premier passement neuf, à peu près l'orge que nous employons ici en deux fois; mais ils sont quelquefois obligés, quand leur premier neuf ne suffit pas, d'en faire un second, ce qui augmente beaucoup la dépense : ainsi la méthode de Valachie est moins coûteuse en même temps qu'elle est plus courte.

95. Lorsque le sel aura été mis dans les passements, on les remuera beaucoup, on ôtera de chacun deux ou trois seaux de matière liquide, qu'on conservera dans une chaudière, sur un feu modéré, pendant le temps que les cuirs seront en passement, afin de les renverser sur les cuves et

n conserver la chaleur; on en retirera ensuite plusieurs
utres seaux pour mettre dans une cuve de réserve, de
açon qu'il n'en reste dans chaque passement qu'autant qu'i
n faut pour couvrir les cuirs qu'on y doit mettre.

Différentes expériences ont prouvé qu'il valait mieux
aire la composition d'une seule fois que de la faire en deux,
ar principe et complément; en effet, indépendamment du
emps qu'on y emploie et du bois qu'on y consume, il peut
rriver que le complément fait avec de la nouvelle orge,
mousse les acides du principe, qui avait déjà commencé
se développer; dès lors l'effet deviendra plus lent, et
'on serait obligé, pour établir une bonne fermentation, d'y
outenir un degré de feu d'ailleurs préjudiciable aux cuirs.

96. Pour faire la composition tout d'une fois, on s'y est
ris de différentes manières, qui ont à peu près également
éussi.

1° Avec de l'orge ou avec du seigle moulus, sans aucun
evain, et qui avaient été préparés la veille avec de l'eau
bouillante.

2° Avec parties égales d'orge moulue et de levain délayées
lans une eau presque bouillante, c'est à dire frémissante,
u moment qu'on veut y mettre les cuirs.

3° Avec du son de froment, un demi-boisseau sur chaque
uir, sans levain; on abreuve ce son avec de l'eau chaude,
n le laisse fermenter pendant un jour; on y jette une livre
le sel pour chaque cuir, dans le même temps qu'on veut
e mettre en gonfiement.

4° En employant aussi du levain d'orge ou de seigle, qui
oûte moins que celui de froment dont nous avons parlé,
t il suffit de six ou huit livres de grain moulu par cuir.
Lorsque ce levain monte, il est temps d'en faire usage, et,
our l'employer, il ne faut que le délayer dans une eau plus

I.   3

que tiède, et y jeter du sel, comme ci-devant, au momen[t]
qu'on veut y mettre les cuirs.

MANIÈRE DE GOUVERNER LES PASSEMENTS.

97. Lorsque les eaux sont aigres et les passements préparés, on lève les peaux de dessus perche, et on les aba[t]
dans le passement pendant deux minutes, afin de les dé[-]
gourdir et de leur faire contracter par degrés la chaleur d[u]
passement. On les lève sur le couvercle de la cuve, et o[n]
les laisse égoutter pendant trois ou quatre minutes; pendan[t]
ce temps, on remue de nouveau la composition; ensuit[e]
on rabat les peaux, on couvre les passements, et l'on y en[-]
tretient le même degré de chaleur en y mettant de la com[-]
position qu'on tient en réserve. Un quart d'heure après, o[n]
lève les mêmes cuirs pour la seconde fois, et on les laiss[e]
égoutter un petit quart d'heure. Une demi-heure après [la]
seconde levée, on les lève une troisième fois, et on l[es]
laisse égoutter un quart d'heure. Une heure après la tro[i-]
sième, on les lève pour la quatrième fois, et on les laiss[e]
égoutter un peu plus. Une heure après la quatrième, o[n]
les lève une cinquième fois, et on leur donne une de[mi-]
heure d'égoût. Enfin on les lève encore, au bout de deu[x]
heures, une sixième fois et une septième, après un sem[-]
ble intervalle de temps. Le lendemain, on lève les cui[rs]
deux fois, et même trois ou quatre fois si les cuirs sont [de]
mauvaise qualité, et qu'ils paraissent difficiles à faire go[n-]
fler. A chaque fois, l'on remue le passement pour que [la]
farine d'orge ne reste pas toute dans le fond, et l'on r[e-]
couvre exactement la cuve après que les cuirs ont égout[té]
une demi-heure. Il est inutile d'avertir que l'on doit to[u-]
jours conserver le degré de chaleur dont nous avons parl[é]

el qu'on puisse seulement tenir la main dans la cuve, et
l'on y parviendra au moyen de la chaudière qui tient sur le
feu la matière de réserve; elle sert non seulement à échauffer, mais à repasser la matière qui se dissipe ou qui est
absorbée par les cuirs. Il faut que les cuirs soient toujours
couverts dans les passements.

98. Tous ces relèvements des cuirs sur la cuve, suivis
de l'égouttement, font que la composition mord et pénètre
partout également; sans cela il y aurait des endroits où le
cuir brûlerait par la force de la composition, et d'autres où
il ne prendrait pas nourriture; par exemple, dans les plis
qui auraient subsisté trop long-temps dans les mêmes parties
du cuir.

Pour abattre les peaux dans le passement, deux personnes les prennent par les extrémités et les étendent sur
chair dans le passement, les plongent avec des bâtons, et en
font sortir le vent afin qu'elles enfoncent mieux.

99. Le passement blanc produit ordinairement son effet
au bout de trente heures, plus ou moins; la fermentation
acide s'y établit et produit une dilatation sensible; ces peaux,
qui étaient minces et molles acquièrent la fermeté et l'é-
paisseur que les cuirs doivent avoir. De là on commence à
leur donner plus particulièrement le nom de cuir.

Il y aurait du danger à laisser les cuirs plus long-temps
en passement : quelquefois même la force de la composition les brûle au point que les bordages ressemblent à du
linge pourri.

Les cuirs étant retirés du passement, on en conserve le
plus clair pour servir ensuite de principe à un nouveau passement, en y ajoutant un complément un peu plus fort que
le premier. Les passements blancs une fois en train ne coûtent à entretenir que la moitié de la première dépense.

Les cuirs s'égouttent sur couvercle jusqu'à ce qu'ils soient bien refroidis; on les met alors dans l'eau, où, après les avoir laissés tremper un moment, on les rince pour en faire sortir l'humeur glutineuse que l'orge y a laissée, et on les met égoutter.

100. Pendant le temps que les cuirs rincés emploient à s'égoutter, on prépare le passement rouge, dans lequel on doit aussitôt les faire passer. Le nom de *passement rouge*, ou de *rouge* tout court, vient de la couleur que le regros ou l'écorce lui communique, comme on appelle *passement blanc*, ou simplement *blanc*, celui qui est formé avec de la farine.

DES DANGERS AUXQUELS SONT EXPOSÉS LES PASSEMENTS BLANCS.

101. On dit souvent dans les tanneries que les passements tournent, comme l'on dit dans les papeteries que la colle tourne; dans les offices que le lait ou le vin est tourné; la partie caséeuse et mucilagineuse abandonne la partie séreuse où elle était en dissolution et la liqueur cesse d'être homogène.

En général, on dit qu'un fluide muqueux est tourné lorsqu'il se décompose, de manière que l'union intime des différentes parties du fluide cesse d'avoir lieu; les parties spiritueuses se dégagent alors des parties huileuses, la liqueur s'aigrit, et la putréfaction succéderait bientôt. Le vin, qui est très spiritueux, ne tourne pas facilement, parce que la partie spiritueuse tient la partie huileuse en dissolution et l'abandonne difficilement.

Les pluies d'orage en été sont toujours très sulfureuses; on s'en aperçoit à plusieurs signes : voilà pourquoi elles font tourner le lait; mais en mettant un peu d'alcali dans le lait, on l'empêche de tourner, parce qu'on donne à l'acide sulfureux une substance qui s'y unit aisément, et qui l'empêche d'agir sur le lait : ainsi il y a apparence qu'on empêcherait aussi les passements de tourner en y mettant de la potasse ; cela serait aisé à faire puisqu'elle n'est pas chère à Paris.

102. Pour empêcher que le tonnerre ne fasse tourner les passements blancs, quelques tanneurs ont coutume, dès qu'on est menacé d'un orage, d'amasser de la ferraille, et de la mettre dans chaque cuve enveloppée d'une serpillière bien claire, pour empêcher que le fer ne tache les cuirs : peut-être que la force astringente du fer consolide, pour ainsi dire, des parties trop aisées à se dissoudre ; peut-être que la matière électrique, se portant en plus grande abondance vers les métaux, abandonne le fluide du passement, ou, ce qui est encore plus probable, que le fer, s'unissant avec l'acide, en sature l'excès, et arrête les progrès de la fermentation ; ainsi qu'en jetant de la limaille de fer dans du vinaigre, on émousse son acide en formant un sel martial qui est styptique, mais qui n'a presque pas d'acidité, et qu'avec du plomb on tire des cristaux doux et sucrés de l'acide le plus caustique et le plus concentré. D'autres pensent qu'une livre de sel ou une demi-livre de sel ammoniac peuvent empêcher le passement de tourner ; cela arriverait par la même raison, l'acide sulfureux s'unissant au sel ammoniac plutôt qu'aux parties du passement. Il y a même apparence que si les passements ne tournent pas plus souvent, c'est parce que la matière putride des cuirs forme avec l'acide des passements un sel ammoniac, et ce sel absorbe la surabondance d'acide qui augmente trop la fermentation.

Quoi qu'il en soit, quand le passement est manqué une

fois, il n'y a plus de remède, il ne faut même plus compt[er]
que les cuirs puissent devenir ensuite d'une bonne qualité
ils ne peuvent pas s'enfler assez pour se bien tanner; leu[rs]
fibres deviennent molles et lâches; ils sont spongieux, et [ne]
prennent plus la stypticité qui serait nécessaire pour un b[on]
tannage : c'est pourquoi les chaleurs de l'été sont dang[e]-
reuses dans les *passeries;* on craint toujours les mois [de]
juillet, août et septembre plus que les autres mois [de]
l'année.

Quand les passements gèlent, on les laisse tranquilleme[nt]
sous la glace. Dans cet état, les cuirs n'avancent point; ma[is]
ils ne perdent rien de leur qualité; seulement on perd l[es]
passements, car, après le dégel, ils ne sont propres à rie[n]
il faut les jeter.

DES CUIRS A L'ORGE QUI SE FONT EN ANGLETERRE.

103. En Angleterre, et particulièrement à Londres, [on]
fabriquait autrefois les gros cuirs à l'orge, et cet usage ét[ait]
très ancien; mais les empeignes s'y préparaient et s'y pr[é]-
parent encore avec la chaux et la fiente de pigeon, comm[e]
étant de moindre conséquence.

Les passements d'orge se conduisent avec de l'eau chaud[e]
et vont beaucoup plus vite que les nôtres, car les cui[rs]
parcourent quatre à cinq passements dans l'espace de [six]
jours, passant successivement du plus faible au plus fo[rt.]
Le dernier passement, qui est neuf, aigrit pendant quin[ze]
jours, et les cuirs ne restent dedans que vingt-qua[tre]
heures.

Pour un passement neuf de six cuirs, on délaie dans d[e]
l'eau chaude cinq à six boisseaux d'orge, mesure de Par[is]
on le laisse reposer jusqu'à ce qu'il soit très aigre, car po[ur]

accélérer la fermentation et le gonflement des cuirs, on attend que l'acide soit beaucoup plus développé qu'on ne le fait en France. Le risque ne dure pas si long-temps, mais il est peut-être plus considérable. Il faut veiller sur les passements avec beaucoup d'attention.

104. Le cuir à l'orge et le cuir de Valachie, en sortant des passements blancs, doivent être mis dans les passements rouges.

105. La méthode des cuirs de Valachie est moins susceptible des inconvénients du tonnerre, ou autres causes qui font tourner les passements ordinaires, 1° parce que ceux de cette méthode durent moins long-temps, ce qui empêche qu'ils ne soient exposés à un si grand nombre de vicissitudes; 2° parce que la fermentation est plus forte et la composition plus cuite. Il en est de même des passements rouges, parce qu'ils sont plus forts, conduits par degrés, faits avec du regros, au lieu que le rouge ordinaire des tanneurs se fait avec la poudre de tan.

Si cependant il arrive que le passement ait tourné, alors le cuir prend du vent, de façon qu'il surnage, et qu'en le pressant il siffle. On ne saurait raccommoder ce passement. Le plus court est de jeter la liqueur pour faire place à une autre, dans laquelle on met les cuirs après les avoir bien recoulés. Mais le cuir qui a été ainsi surpris ne se tanne jamais bien.

MANIÈRE DE DÉBOURRER LES CUIRS DE VALACHIE.

106. Différentes expériences ont prouvé qu'on pouvait épargner les soins et les dangers de l'échauffement, en mettant les peaux avec le poil dans la composition usée, qui fait tomber le poil sans risque, et avec une telle facilité

qu'un ouvrier en débourrerait six fois plus que de ceux qui seraient échauffés avec du sel.

Il existe un autre avantage, c'est que les cuirs débourrés à l'échauffe ont besoin d'être rasés avec la faux, tandis que cette opération est inutile pour les cuirs dans une telle composition.

On a remarqué que les cuirs laissés trop long-temps dans l'eau étaient sujets à se piquer.

L'expérience a encore prouvé qu'il était inutile de laisser égoutter les cuirs prêts à recevoir le gonflement ; qu'il était bon de les passer quelques instants à l'eau ; mais en ayant soin de les faire refroidir auparavant ; car si on les jetait à la rivière dans le moment où ils sont ouverts par la chaleur, et s'ils étaient surpris par l'eau froide, ils pourraient tirer du grain, c'est à dire se froncer et se durcir.

107. Comme cette méthode n'est plus usitée ni à Paris, ni dans les départements, et que nous n'avons trouvé personne qui ait pu nous donner les renseignements dont nous aurions eu besoin, nous avons suivi M. Delalande dans tous les détails, et nous ne faisons que répéter son article, qui est le meilleur de tous ceux qui existent dans les différents auteurs que nous avons consultés. Cette méthode d'ailleurs présente trop d'intérêt, je ne dis pas pour avoir été omise, mais pour n'avoir pas été donnée d'une manière développée.

PASSEMENT CHAUD AVEC DU SON.

108. On a prétendu que, dans la préparation des cuirs, on pouvait supprimer les passements rouges en faisant les passements blancs seulement avec du son : voici la méthode telle qu'elle fut indiquée d'après des expériences qui eurent lieu à Dax, en 1749.

On peut employer du marc de bière ; mais, à défaut de ce marc, on fait un levain avec de la farine de froment et de seigle ; une livre ou cinq quarterons de farine suffisent pour chaque cuir. On doit avoir soin de conserver dans une chaleur modérée ce levain, qui doit avoir été fait quelques jours d'avance.

Après qu'on aura ôté des peaux la crotte et les ordures, et qu'on les aura écharnées, on les mettra à l'eau. Le soir de la veille où l'on devra mettre les cuirs en gonflement, on fera tiédir une quantité d'eau suffisante pour que ces cuirs puissent y baigner en totalité, et on jettera dans cette eau, lorsqu'elle aura été retirée du feu, pour chaque cuir, sept à huit livres de son de seigle ou de froment. Pour conserver la chaleur et faciliter la fermentation, on couvrira exactement la chaudière. Quand la préparation sera suffisamment fermentée, ce qui se connaît lorsque le son est monté sur l'eau, on tirera les cuirs de la rivière ; après les avoir rincés et sans les faire égoutter, on les mettra dans une cuve avec l'eau et le son fermenté.

109. Dans cet état, les cuirs se dégourdissent et prennent le premier degré de chaleur. Comme en gonflant ils doivent nécessairement imbiber une portion de ce premier passement, on fera chauffer de nouvelle eau dans la chaudière ; quand elle commencera à frémir, on lèvera les cuirs sur le passement, et on délaiera dans un vaisseau séparé le levain dont nous avons parlé avec cette eau frémissante, en ayant soin de ne s'en servir que peu à peu, et suffisamment pour que le levain se délaie insensiblement ; on versera alors dans le passement ce levain qui sera délayé très clair, et on mettra par-dessus l'eau qui restera dans la chaudière ; par ce moyen, on rendra le passement un peu plus que tiède ; on ajoutera ensuite une livre de mauvais sel pour chaque

cuir, on brouillera le tout ensemble, et on remettra les cuirs dans la cuve que l'on couvrira avec soin.

Six heures après, on relève les cuirs, et, pour les réchauffer, on se sert de la portion d'eau qu'on a tirée de la cuve et qu'on a laissée chauffer sur le fourneau; et, après l'avoir remise dans le passement, on brouille la composition avec force, on rabat les cuirs, et on couvre la cuve.

Six heures après, c'est à dire le soir, on recommencera la même opération, et on la réitérera, aux mêmes heures et de la même manière, le lendemain et le surlendemain.

110. Quand on relève les cuirs le second et le troisième jour, on doit examiner avec soin le moment où ils sont bons à dépiler, ce qu'on connaît, comme nous l'avons déjà dit, quand le poil quitte facilement la peau en passant le doigt dessus. Alors on les débourre, on leur donne une légère passe sur chair, on les met dans l'eau froide un quart d'heure seulement, et on les remet dans le passement. Jusqu'à ce que le gonflement soit achevé, on a soin d'entretenir la cuve chaude et de la couvrir exactement, en tenant le passement dans un degré de chaleur tel qu'on y souffre le bras difficilement : on peut faire gonfler les cuirs en vingt-quatre heures, mais il est prouvé que la méthode de réchauffer le passement d'une manière graduelle, c'est à dire trois ou quatre fois par jour, et de l'amener au point où, parvenu au plus haut degré de chaleur, le bras puisse y résister sans peine, il est prouvé, dis-je, que cette méthode est préférable.

Plus les passements sont considérables, et plus ils conservent leur chaleur; dans ce cas, il sera suffisant de les réchauffer deux fois par jour. Quelque tanneurs font durer l'opération quatre jours, et n'emploient pour chaque cuir que six livres de son.

On a prétendu qu'on pouvait opérer trois gonflements avec deux compositions, en faisant succéder les habillements les uns aux autres, c'est à dire en se servant, pour un second habillement, du premier passement. Le *premier gonflement doit s'opérer*, et même de suite, sans laisser à la cuve le temps de se refroidir. Nous n'osons conseiller cette méthode.

Avant d'être remis dans les passements rouges, les cuirs plamés doivent être rincés et laissés à l'eau pendant deux ou trois heures, quelquefois plus, quelquefois moins, selon la température de l'air et la qualité de l'eau.

111. On peut faire à froid les passements de son; mais alors le gonflement durerait au moins deux mois. En suivant cette méthode, on fait un levain de farine de froment ou de seigle; deux livres suffisent pour chaque cuir. On laisse fermenter ce levain, on le délaie ensuite avec de l'eau froide jusqu'à ce qu'il soit très clair, on met cette eau dans la cuve, et on y abat les peaux; on les y laisse jusqu'à ce qu'elles soient en état d'être dépilées, ayant soin de les lever seulement deux ou trois fois par semaine, et de les laisser chaque fois égoutter pendant la nuit entière sur le passement.

Après que les cuirs ont été dépilés, on les rince; on leur donne une légère passe sur chair, on les laisse tremper quelques heures dans l'eau, et on les abat dans le même passement, où ils restent jusqu'à ce qu'ils soient suffisamment gonflés. Parfois on est obligé de faire un second passement, mais jamais un troisième, car il est constant que les cuirs déjà préparés par le passement mort, dans lequel ils ont été débourrés, sont parfaitement plamés par un passement neuf. Il n'est pas nécessaire de couvrir les passements froids.

Cette méthode, si elle pouvait être donnée comme certaine, présenterait de très grands avantages; elle éviterait la salaison et l'échauffement des peaux, la dépense du bois, et celle de la farine, qui est bien plus importante, puisque l'on ferait avec huit livres de son ce qui demande en France cent livres d'orge, et en Valachie trente-six livres de farine.

MANIÈRE DE PRÉPARER LES CUIRS AU SEIGLE, FAÇON DE TRANSYLVANIE.

112. La méthode de fabriquer les cuirs façon de Transylvanie, diffère peu de celle employée pour le cuir de Valachie. Pour le gonflement de ce dernier, on dépense vingt livres d'orge pour chaque cuir, et pour le gonflement de celui de Transylvanie, il faut seulement dix-huit livres de seigle, dont dix entrent dans la première préparation et huit dans la seconde. Toutes les autres opérations sont les mêmes. Cependant dans l'une on jette l'orge et dans l'autre on conserve le seigle, même après avoir décanté la liqueur aigre de la première composition, pour conserver ce clair qui doit faire le passement. La raison qu'on en peut donner, c'est que le marc du seigle conserve bien plus long-temps que l'orge sa force et sa qualité.

On a remarqué que les cordonniers en général regardaient le cuir de Valachie comme inférieur en qualité à celui de Transylvanie. Voici la raison qu'en donne M. Delalande :

Il peut se faire, dit-il, que l'orge étant plus farineuse, fermente autrement que le seigle, et fournisse des parties moins fermes et moins solides au cuir, par la même raison qu'on préfère encore, dans certains cas, le cuir de Liége, qui n'a fermenté qu'avec de l'eau d'écorce, parce que la fermentation en est plus dure, pour ainsi dire, ou moins onctueuse, moins laxative que celle du seigle et de l'orge moulue.

113. Suivant M. Delalande, l'usage du seigle était connu en France dès 1708, et, pour le prouver, il cite le passage suivant tiré des *Mémoires de M. Desbillettes* :

« Les peaux étant pelées, dit cet académicien, on les met pour vingt-quatre heures dans la rivière, ensuite dans une eau à tan qui ne soit pas trop forte, pendant deux heures, les retirant dehors et les recouchant fort souvent; de là on les remet encore dans une autre matière, dont voici la préparation : On prend un setier de seigle moulu, et on verse dessus de l'eau chaude, remuant bien le tout ensemble jusqu'à ce que cela devienne épais comme si c'était pour faire du pain; on couvre cette pâte, et on la laisse travailler ou fermenter comme du levain : lorsque par-dessus elle se trouvera un peu blanche et comme moisie, on versera de l'eau froide pour y pouvoir tremper jusqu'à dix ou douze peaux : alors il faut faire coucher ses peaux pendant trois jours, et quand elles sont bien en-flées, on les couche dans une eau à tannée avec quan-tité de tan entre chacune, et il faut les changer d'eau deux ou trois fois dans un espace d'environ huit mois, qui est à peu près le temps où elles se trouveront bien tannées. »

Cette citation n'a d'autre but que de démontrer que, de-puis plus de cinquante ans, l'usage du seigle est connu en France.

CUIRS A LA JUSÉE.

114. Le troisième procédé employé pour opérer le gon-flement des cuirs est celui qu'on nomme à *la jusée*. **Les** cuirs préparés d'après cette méthode sont appelés *cuirs de Liége* ou *façon de Liége*, parce que c'est de Liége que cette méthode nous est venue. **Nous avons dit, au commencement** de cet ouvrage (n° 1ᵉʳ), qu'elle était presque généralement adoptée en France, étant regardée comme la meilleure de toutes, et en même temps la moins dispendieuse.

MANIÈRE DE DÉBOURRER LES PEAUX.

115. Notre intention étant de n'omettre dans cet ouvrage rien de ce qui peut être utile tant au maître tanneur qu'à l'ouvrier, et de contribuer à l'agrandissement des connais-sances de l'un et de l'autre, nous commencerons par rap-porter en peu de mots les différentes méthodes adoptées autrefois pour la dépilation des cuirs destinés à être prépa-rés à la jusée. Nous observerons seulement que toutes ces méthodes, vicieuses en général, et sujettes à de grands inconvénients, sont tombées en désuétude, et qu'il n'en existe plus maintenant qu'une seule, qui est adoptée par tous les bons fabricants, et relativement à laquelle nous entrerons dans tous les détails qui nous paraîtront néces-saires ou même utiles.

116. L'échauffe, au moyen de laquelle les cuirs fermen-

taient par une chaleur douce, était la méthode la plus universellement suivie pour parvenir au débourrement des
peaux; mais les procédés mis en usage n'étaient pas partout les mêmes.

Les uns entassaient les cuirs à terre, les mettant les uns
sur les autres, soit de leur long, soit à double, et les
changeaient tous les jours de plis et de côté, et conti-
nuaient ainsi jusqu'à ce que le poil fût déraciné par la fermentation.

D'autres opéraient cette fermentation avec du feu de
tannée, ne produisant point de flammes, mais seulement de la fumée et de la chaleur : ce feu était allumé
dans une étuve bien fermée où les cuirs étaient étendus sur
des perches.

Nous avons dit, en parlant des cuirs de Valachie (90),
que pour débourrer les peaux, on les mettait dans du fumier bien chaud. Dans la description du cuir à l'orge, nous
avons démontré comment on dépilait les cuirs au moyen
d'un passement mort ou faible; il ne nous reste plus qu'à
parler du dernier procédé employé dans quelques tanneries,
et qui consiste à raser les peaux, au lieu de les débourrer
par le moyen de l'échauffement.

Suivant M. Delalande, cette méthode fut imaginée par
les entrepreneurs de la tannerie royale de Lectoure, qui ne
pouvaient, sans une perte considérable, débourrer parfaitement, au moyen de l'échauffement, les cuirs en poil tirés
de l'Amérique, de Buenos-Ayres et des autres îles, cuirs
qui sont séchés à l'ardeur du soleil. Ces mêmes peaux,
quand on en veut faire du cuir fort, ne ne se débourrent
encore que par l'échauffement.

Quoiqu'on ait prétendu que cette méthode fût très avantageuse, tant sous le rapport de l'économie que sous celui

de l'épargne du temps, elle n'en est pas moins généralement abandonnée, car, à l'exception des cuirs de Hongrie, on n'en use plus pour aucun autre ni à Paris, ni dans les départements.

117. Voici la méthode employée dans la fabrique de M. Salleron qui est une des plus considérables de Paris.

Après que les peaux vertes ont été écharnées proprement avec une faux tranchante, après qu'on a enlevé toutes les parties grasses et les autres superfluités, on met ces peaux dans une eau claire, soit de puits, soit de rivière; cette dernière est préférable, surtout quand elle est bien limpide; on les y laisse environ vingt-quatre heures, et quand elles sont entièrement dégagées du sang, de la crotte et de tous les autres corps étrangers qui s'y trouvaient attachés, on les rince et on les relève.

118. Cette opération préliminaire étant terminée, on en vient au gonflement qui prépare le débourrement. A cet effet, on a ce qu'on appelle un train de cuves. Ces cuves, qui sont au nombre de sept ou huit, quelquefois plus, sont faites en bois de chêne, et ont communément trois pieds et demi de profondeur sur cinq de diamètre. On met dans chaque cuve sept à huit cuirs au plus, et moins si la cuve est plus petite que celles dont nous avons fixé la dimension. Ces cuves sont remplies de jus de tannée faible et dont la force est progressive, c'est à dire que le jus de la seconde cuve est plus fort que celui de la première, le jus de la troisième plus fort que celui de la seconde, et ainsi de suite. Il faut que les cuirs trempent exactement. Chaque jour, on les lève deux fois, on les laisse égoutter pendant une heure sur des planches placées au bord de la cuve, et ensuite on les rabat dans la même cuve. Le lendemain, on les lève de nouveau, et on les fait passer d'une cuve pleine de jus

plus faible dans une autre dont le jus est plus fort. On renouvelle successivement le même procédé pendant huit jours. Cet espace de temps est presque toujours suffisant en été, mais en hiver il faut dix, douze jours, et quelquefois plus. La durée de cette opération dépend d'ailleurs beaucoup de la température de l'air.

Dans cet intervalle, le gonflement s'opère, le poil commence à tomber et cède au plus petit effort.

DU GONFLEMENT DES CUIRS A LA JUSÉE.

119. Le gonflement des peaux à la jusée, ou façon de Liége, s'opère donc par le moyen des eaux de vieille écorce ou des jus de tannée. Ces jus se font avec l'écorce qui a été tirée des cuves où les cuirs ont été mis en seconde et en troisième poudre, et absorbent le reste de la substance de ces mêmes poudres.

Ce jus, dit M. Delalande, ne doit point tenir du styptique, c'est à dire de ce goût âpre et astringent qui resserre et durcit les cuirs en fosse, et qu'on aperçoit très sensiblement dans l'écorce nouvelle. Lorsque l'écorce a séjourné avec des cuirs en fosse, elle est disposée à fermenter et à s'aigrir, comme font en général presque toutes les plantes et les substances animales; la qualité styptique cesse dès lors, et fait place à l'acidité qui irait toujours en augmentant si l'on ne retirait les cuirs au bout de quelques mois.

L'expérience a prouvé que, pour le premier passement, quinze jours ou trois semaines tout au plus suffisaient.

L'écorce, continue M. Delalande, tant qu'elle est dans son état naturel d'astringent, serre, comprime et réunit les parties du cuir; mais dès qu'elle tourne à l'aigre, elle produit un effet contraire, elle dilate, relâche, gonfle, soulève les parties du tissu, par ce mouvement intestin qu'elle y produit, semblable à celui du pain qui lève, et du vin qui bouillonne quand on les expose à une pareille fermentation.

120. On prétendait autrefois que le cuir façon de Liége devait être préparé dans certaines saisons de l'année; qu'il ne réussissait pas, par exemple, en été; qu'il demandait des eaux vives et pures, telles que celles qui sortent immédiatement des rochers, et que l'eau de pluie et toutes les eaux molles en général ne valaient rien pour sa préparation.

Nous pouvons assurer, d'après l'avis d'excellents tanneurs, que les cuirs de Liége réussissent en tout temps, et qu'on peut se servir de toute eau quelconque pour les préparer, en ayant soin seulement d'entretenir l'acidité du tan, et de conserver l'eau ferme et fraîche, au moyen de l'acide sulfurique employé avec discernement, c'est à dire en quantité convenable.

Peut-être est-il vrai que le cuir de Liége est le plus difficile de tous à fabriquer, et qu'il exige de la part du tanneur beaucoup de soin et d'intelligence; mais ces difficultés sont facilement surmontées par le fabricant jaloux de réussir dans son art et qui y donne toute son application.

121. Comme nous l'avons dit (119), le jus de tannée se prépare avec la vieille écorce qui a servi à tanner les cuirs. On prend pour cela la seconde, la troisième et même la quatrième qui est la meilleure; on la met dans une fosse ou dans une cuve vide, en ayant soin de ne pas laisser perdre le liquide qu'elle contient; on verse sur la fosse de l'eau claire ou d'autre eau de tannée, et on en met suffisamment pour que la tannée baigne parfaitement. Deux et même trois fois par semaine, on puise le jus qui s'est ra-

massé dans le même puisard dont nous allons parler, on le reverse sur la tannée, et ce procédé étant répété pendant un certain nombre de jours, le jus envahit toute la substance de la tannée et acquiert continuellement une nouvelle force. Au lieu de verser l'eau de tannée sur la fosse dont elle a été tirée par le moyen du puisard, il serait peut-être mieux de verser cette eau sur une seconde fosse, de faire passer l'eau tirée de cette seconde fosse sur une troisième, et ainsi de suite.

122. Le puisard est une espèce de cheminée pratiquée dans la fosse ou dans la cuve où se fait le jus de tannée ; ce puisard, destiné à épurer l'eau et à faciliter les moyens de la retirer, doit être fait avec un encaissement de planches, et de manière à ce que l'eau n'y pénètre que par-dessous et que la tannée ne puisse y entrer ; les planches doivent être bien jointes entre elles, et clouées comme une barrique. L'eau qui se sépare de la tannée et qui forme le jus se trouvant dans ce puisard, on peut l'en tirer facilement avec un seau.

Dans tous les bons établissements, on pratique dans ces puisards des pompes qui rendent l'opération infiniment plus facile.

Dans quelques départements, pour faire le jus ou l'eau de tannée, on prend de la tannée tirée d'une cuve où les cuirs ont reçu la seconde ou la troisième poudre ; on met cette tannée, qui est ordinairement grosse, dans une fosse assez considérable ; on remplit la fosse d'eau, et on la laisse en repos pendant six et même huit mois, parce qu'on prétend que tout ce temps-là est nécessaire pour donner au jus l'aigreur ou l'acidité qui lui est nécessaire.

Ce procédé ne vaut rien, ou du moins est beaucoup trop long, car plusieurs tanneurs instruits m'ont assuré qu'en quinze jours, ou un mois tout au plus, le jus de tannée avait acquis tout ce qu'il pouvait acquérir.

123. En suivant la méthode ci-dessus, lorsque le jus a acquis un degré suffisant d'acidité, on le tire en faisant dans la tannée, au milieu de la cuve, une espèce de puits d'un pied de diamètre; on se sert aussi du puisard ou d'une pompe; on rejette ce jus sur l'écorce, et on le puise de nouveau; on répète cette opération jusqu'à ce que ce jus soit vif, c'est à dire rouge, clair et acide comme de l'eau vinaigre.

Lorsque ce premier jus est tiré des fosses, on met sur la tannée de l'eau nouvelle; on l'y laisse pendant trois à quatre jours, et on l'en retire pour être employée dans les passeries. On peut remettre ainsi de l'eau sur la tannée trois et même quatre fois; mais on sent très bien que plus la tannée a servi de fois, et plus on doit la laisser long-temps dans l'eau; autrement cette eau n'acquerrait que très peu et même point d'acide.

Quelquefois le jus provenant de deux cuves n'est pas égal en force; alors on fait un mélange au moyen duquel la liqueur se trouve au même degré de force et d'acidité; on mêle aussi avec le jus le plus fort celui dont nous avons parlé en dernier lieu, c'est à dire qui a été fait à la seconde, troisième ou quatrième opération.

En suivant l'ancien procédé, c'est à dire celui où l'on débourrait les cuirs par le moyen de l'échauffe quand les peaux étaient sèches, on les faisait tremper, on les craminait, et quand on les retirait de l'eau pour la dernière fois, on les faisait soigneusement égoutter sur des perches avant de les mettre à l'échauffe; mais quand les peaux étaient vertes, on se contentait de jeter quelques grains de sel du côté de la chair; on les pliait et on les mettait à l'échauffe.

On salait les cuirs d'Irlande moins que les autres, parce qu'ils avaient déjà été salés avant d'être transportés en France.

124. Quand les cuirs avaient été dépilés, et qu'ils avaient reçu toutes les autres préparations nécessaires, c'est à dire qu'ils avaient été écharnés et rincés, on les faisait tremper dans une eau claire et fraîche. En été deux jours suffisaient; il en fallait quatre et même cinq en hiver. Chaque jour, on les changeait d'eau, et on les laissait égoutter pendant trois heures; on les mettait ensuite dans le passement ou dans le jus de tannée où devait s'effectuer le gonflement.

Dans quelques fabriques, et notamment à Sedan, l'on donnait aux cuirs en été huit passements, et en hiver douze. La force de chacun de ces passements augmentait par degré, c'est à dire, comme nous l'avons déjà remarqué, que le second était plus fort que le premier, le troisième plus fort que second, et ainsi de suite.

125. Quand les cuirs à la jusée étaient préparés en été, le premier passement dans lequel on les mettait était composé de sept huitièmes d'eau claire et d'un huitième seulement de jus de tannée. Le second passement se faisait avec six huitièmes d'eau ordinaire et deux huitièmes de jus d'écorce, et ainsi de suite, en augmentant à chaque cuve ou passement la quantité du jus de tannée, et diminuant celle de l'eau, de manière qu'il ne se trouvait que du jus et point d'eau ordinaire dans le huitième passement.

Au printemps et en automne, on employait dix passements. Dans le premier, on mettait neuf dixièmes d'eau pure et un dixième de jus de tannée.

En hiver enfin, on portait les passements jusqu'à douze,

de manière que le premier contenait onze douzièmes d'eau claire et un douzième de jus de tannée, en suivant la même progression que pour les cuirs préparés avec huit passe-ments, c'est à dire qu'en automne et au printemps, le dixième passement ne contenait plus que du jus de tannée, et qu'il en était de même du douzième en hiver.

126. Tous les jours on levait les cuirs; le matin on les laissait égoutter pendant deux heures et on les abattait dans le même passement; on répétait cette opération le soir. Jusqu'au quatrième passement en été, et jusqu'au sixième en hiver, on changeait les cuirs tous les jours de pas-sement.

Jusqu'à l'avant-dernier passement, on se contentait de relever les cuirs une seule fois par jour, pour les laisser égoutter également pendant deux heures.

Quand les cuirs étaient, en été, dans le septième passe-ment, et en hiver, dans le onzième, on les relevait après un jour et demi; on les faisait égoutter deux ou trois heures, et on les abattait, en ayant soin de jeter entre chaque cuir une poignée d'écorce neuve réduite en poudre grossière.

Les cuirs restaient dans le dernier passement trois à quatre jours sans être remués; on les relevait ensuite, on les laissait égoutter pendant trois ou quatre heures, et on les mettait dans un nouveau passement composé de jus pur et très fort; on les y laissait pendant six ou huit jours. Enfin en les relevait pour la dernière fois, et ils étaient disposés à être couchés en fosse.

127. Quand on veut mettre de nouveaux cuirs dans ces passements, il en est un qui ne peut plus servir, ne conser-vant aucune force : c'est le premier. Alors on le jette, et celui qui précédemment avait été le second devient le pre-mier ou le plus faible, et ainsi des autres. Mais comme le

ombre des passements doit toujours être le même, on
plit la cuve vide de jus nouveau, et par conséquent elle
vient la dernière et la plus forte.

Dans les mois de mai, juin et juillet, les cuirs peuvent
gonfler en douze jours, mais souvent, dans ces mois
même, l'opération demande un plus long-temps : alors on
sse les cuirs dans le passement quarante-huit heures au
u de vingt-quatre.

Afin de parer aux inconvénients qui peuvent survenir
ans une tannerie bien ordonnée, il doit toujours y avoir
uelques cuves de reste.

Les méthodes pour les passements à la jusée varient
omme celles employées pour les cuirs à l'orge. Nous en
ndiquerons particulièrement deux comme ayant été les plus
uivies.

128. Dans la première, trois cuves suffisent, et le gon-
ement s'opère avec cinq passements. Le premier, qui se
omme passement *mort*, n'est composé que d'eau pure
ersée sur quatre corbeilles de tannée, et par conséquent
l est absolument sans force.

Après que les peaux ont subi les opérations prélimi-
aires, et qu'elles sont suffisamment rincées et ramollies, on
es retire de l'eau sans les laisser égoutter, et on les abat
ans le plain mort; on les relève et on les abat trois
s par jour, c'est à dire le matin, à midi et le soir, ne
laissant chaque fois égoutter qu'un demi-quart d'heure.
e passement mort ne se fait qu'à l'instant où l'on veut s'en
ervir.

Le passement faible doit être préparé quatre à cinq jours
avant de servir; on le compose d'un quart de jus sur trois
quarts d'eau, et de six corbeilles de tannée. On y abat les
cuirs le second jour, on les relève et on les abat aussi troi

fois par jour, ne les laissant égoutter qu'un quart d'heur
chaque fois. Ces deux premiers passements ne peuvent plu
servir.

Le passement fort dans lequel les cuirs sont mis en sortant du passement faible, ce qui se fait le troisième jour, s
compose moitié d'eau et moitié de jus, et de six corbeill
de tannée ; il doit être préparé quelques jours d'avance. O
lève et on rabat encore les cuirs dans ce passement trois
fois par jour, et on les laisse égoutter une demi-heure.
Cette opération dure deux jours.

Ces deux jours expirés, on forme le quatrième passement, qui se nomme *plus fort*, et qui se compose seulement du clair du passement précédent et du jus aigre pris
dans le puisard dont nous avons parlé (122). Les cuirs restent cinq jours dans ce passement ; chaque jour on les lèv
et on les abat trois fois, et on a soin chaque fois de bien remuer le passement. En rabattant les cuirs le matin, on met
dans ce passement, pour six cuirs, trente-six livres de gros.
Le second et le troisième jour, on renouvelle la même opération, en ajoutant au passement vingt livres de gros seulement le matin. On ajoute encore vingt livres de gros l
quatrième jour, mais on ne lève et on ne rabat les cuirs qu
deux fois. Enfin, le cinquième jour, on ne lève les cuir
qu'une seule fois, on les laisse égoutter pendant une demi-
heure, on brouille bien le passement, on rabat les cuirs, e
on a soin de mettre entre chacun d'eux quelques poignée
d'écorce ; on en met aussi sur le dernier. Cette opération n
doit pas dépenser plus de quarante livres de gros. On laiss
ensuite les cuirs, dans cet état, reposer huit à neuf jour
tout au plus.

129. Le cinquième et dernier passement, qu'on appell
très fort, ne doit être fait qu'à l'instant où l'on veut s'en

rvir. Il est formé en totalité d'aigre ou de jus pur. Les
irs y restent pendant trois jours; on les relève et on les
at le matin et le soir, et le matin seulement on y met
ngt-une livres de gros.

Les trois jours étant expirés, le matin du quatrième on
ve les cuirs, et on les laisse égoutter pendant trois quarts
heure; dans cet intervalle, deux ouvriers brouillent le
assement, l'un de la surface jusqu'au milieu, et l'autre
epuis le milieu jusqu'au fond. Alors on rabat les cuirs, et
ndis que cette opération a lieu, on jette entre chaque cuir
e la tannée ou du gros jusqu'à concurrence de quarante-
uit livres, et on laisse les cuirs en cet état huit jours en-
ers sans y toucher.

130. Nous avons déjà dit qu'il faut avoir soin, en met-
ant les cuirs dans les passements, de tourner le côté de la
hair en dessus, parce que c'est le moyen de préserver de
out accident la fleur, qui est la surface la plus intéressante.

Nous avons également dit que quand on se sert, pour
es cuirs nouveaux, des passements qui ont déjà servi à
autres, chacun de ces passements est sensé avoir perdu
n cinquième de sa force, et que par conséquent le premier,
ommé le mort, doit être jeté, et que le second, qu'on
omme le faible, devient le mort, de sorte que le dernier,
u'on nomme très fort, sera toujours neuf.

Il est des tanneurs qui, ne voulant pas mêler de l'eau
ure dans leurs passements, parce qu'ils craignent de retar-
er la fermentation, font passer successivement sur une
ive à jus cinq fois de l'eau nouvelle. La première y reste
uatre jours, la seconde trois, la troisième deux, et, par
e moyen, les jus relevés, qui sont de force différente,
ervent aux différents passements, depuis le mort jusqu'au
ès fort.

I.

4

131. La seconde manière de gouverner les passeme[n]
à la jusée, est celle qu'on a long-temps employée av[ec]
succès à la fabrique de Saint-Germain. Voici comment·ell[e]
avait lieu.

Après que les cuirs avaient été rasés ou échauffés ([on]
les rasait et on les échauffait à Saint-Germain), l[e]
vés, etc., on les mettait dans les passements qui étaie[nt]
communément au nombre de douze. Le premier, qui ét[ait]
le plus faible de tous, était formé d'un jus seuleme[nt]
un peu aigre quand on le mettait sur la langue, mais q[ui]
ne renfermait point d'acidité. On prétend que les cuirs
crisperaient et pourraient tirer du grain s'ils étaient su[r]
pris par les parties tannantes avant d'avoir commencé[à]
fermenter. Quoiqu'il en soit, chacun des passements av[ait]
quatre pieds et demi de profondeur et autant de diamètr[e]
et contenait huit muids d'eau ; on mettait douze cuirs d[ans]
chacun.

Après que les cuirs étaient restés vingt-quatre heu[res]
dans le premier passement, on les levait, on les laiss[ait]
égoutter pendant une demi-heure au plus, et on les rab[at]
tait dans un second passement qui avait un degré de fo[rce]
de plus ; ce premier passement n'était plus bon à ri[en.]
Pendant dix jours, on continuait la même opération, c'e[st-à-]
dire que chaque jour on levait les cuirs, on les faisait égo[ut]
ter, et on les rabattait dans un passement toujours plus [fort]
que le précédent. Ces dix passements se nommaient *pa[sse]*
ments courants.

152. L'opération des passements courants étant ter[mi]
née, on mettait les cuirs dans les passements neufs ou [de]
repos. Le premier de ces passements était composé d'[un jus]
aigre ou de jus pur, auquel on ajoutait vingt livres [de]
grosse écorce pour chaque cuir, ce qui faisait pour [le]

douze six corbeilles ou cent vingt livres. Les cuirs restaient dix jours dans ce passement.

Au bout de ce terme, on levait les cuirs, et on les mettait, aussi pour dix jours, dans un second passement, mais encore plus fort que le premier, et on y ajoutait aussi six corbeilles ou cent vingt livres de grosse écorce. Tirés de ce second passement de repos, les cuirs étaient disposés à être tannés ou couchés en fosse; on les y mettait avec toute leur humidité, quelquefois même on les arrosait avec de l'eau aigre.

On employait souvent en hiver, temps où la fermentation se fait plus difficilement, jusqu'à vingt passements courants; parfois même on était obligé de recourir à un passement intermédiaire, qu'on nommait de *passage*, et qui était composé moitié d'eau pure et moitié d'eau aigre. Enfin on ne mettait les cuirs dans les passements de repos que quand ils avaient acquis la disposition convenable.

On prenait toutes ces précautions, parce que, suivant M. Delalande, si l'on mettait les cuirs trop blancs dans les passements de repos, l'acidité de ces passements les surprendrait, les crisperait, et leur donnerait du grain, au lieu de les enfler, de les dilater et de les détendre.

133. Il faut observer que les cuirs qui avaient été échauffés d'avance, se préparaient plus vite, et que quatre à cinq passements courants leur suffisaient.

On a remarqué que les passements courants craignaient beaucoup la chaleur, et que ceux du cuir à la jusée demandaient plus de précaution que les autres; que, si ces passements devenaient trop chauds, ils seraient susceptibles de se décomposer et de se putréfier; qu'ils finiraient au moins par tourner, de manière que le liquide qui les compose serait comme de l'huile; que dans cet état les passements, loin de donner aux cuirs de l'épaisseur et de la qualité, ne feraient que les amollir et les rendre plus minces et même les gâter; aussi les tanneurs ont-ils soin, en été, de fermer exactement leurs tanneries pendant le jour, et de les ouvrir après le coucher du soleil, afin d'y introduire la fraîcheur de la nuit.

La vieille écorce qui sort d'un passement mort n'est plus bonne qu'à brûler. M. Delalande a remarqué que toute fermentation était éteinte dans un passement mort. L'eau qu'on verse sur la vieille écorce doit en sortir claire, et l'alcali des matières animales ayant, dit-il, saturé l'acide des passements, toute fermentation doit être éteinte dans ce liquide : ainsi il ne doit pas être trouble comme le sont ordinairement les matières qui fermentent.

Pour hâter le gonflement des cuirs dont la préparation est trop lente, on les met dans des passements plus forts, ou bien on les laisse dans chacun deux jours au lieu d'un.

134. Il nous reste à dire comment on faisait l'eau aigre ou le jus de tannée à Saint-Germain.

On avait dans l'intérieur de la tannerie cinq fosses ou cuves aigres, semblables à celles dans lesquelles on couche les cuirs pour les tanner. La première était plus faible, la seconde était un peu plus forte, et ainsi de suite jusqu'à la cinquième, qui était la plus forte de toutes. Pour éviter les répétitions, nous désignerons la cuve la plus faible par le n° 1er.

Quand on avait levé les cuirs à la jusée de troisième poudre, on tirait la tannée de la cuve, et on la transportait dans la fosse aigre n° 5; on y conduisait de l'eau claire par le moyen d'un robinet ou d'une cheminée en gouttière, cette eau, ne tombant que d'une manière douce sur la tannée, filtrait à travers, et allait se rendre insensiblement dans le puisard dont nous avons parlé. Au bout de trois ou quatre jours, on tirait cette eau devenue jus de tannée. L'eau d'une seule fosse suffisait pour faire quatre passements de repos.

Après avoir tiré de cette fosse aigre la première eau qui a épuisé toute la force de la tannée, on y conduit de l'eau pour la seconde fois; cette seconde eau s'aigrit encore sur la tannée, mais elle forme une fosse aigre plus faible; ces fosses sont numérotées 1 et 2, et sont les plus faibles des cinq. On forme les fosses numérotées 3 et 4 avec cette seconde eau des fosses 1 et 2, que l'on verse sur une tannée qui a déjà fourni une première eau pour quatre passements. Au lieu d'y faire venir de l'eau de source, on se sert de l'eau des fosses 1 et 2, et on les fait passer encore à différentes fois sur cette fosse aigre, et elle se fortifie suffisamment pour faire les fosses n°ˢ 3 et 4, qui sont appelées moyennes; il s'ensuit que les n°ˢ 1 et 2 sont composés d'eau claire, conduite sur une tannée qui a fourni ses passements neufs, et que les n°ˢ 3 et 4 sont formés par cette même eau, versée sur une ou deux autres tannées pareilles pour épuiser le reste de leur force. Enfin les passements neufs sont faits avec le n° 5, qui est l'eau la plus aigre et la première de cette tannée. Les fosses 3 et 4 produisent le jus qui doit composer le premier passement de repos; on ne se sert des n°ˢ 1 et 2 que pour arroser les autres, et les plus forts passements sont faits avec le n° 5. Une fosse aigre dont on a tiré huit passements est entièrement épuisée, et la tannée qu'elle contient n'est plus bonne qu'à brûler.

Voici maintenant comment on opère le gonflement de tous les grands cuirs dans la fabrique de M. Salleron.

135. Dans les n°ˢ 117 et 118, nous avons pris les cuirs

dès le moment qu'ils entrent dans la tannerie, et nous les
avons conduits jusqu'à celui où le poil tombe, et que ces
cuirs sont disposés à être débourrés. Alors on les met sur
un chevalet, sur lequel on a fait une couche, et on en fait
tomber la bourre avec un couteau sourd, c'est à dire qui
ne coupe pas.

Les peaux étant donc dépilées, on les met dans une première cuve. Nous avons dit (117) que ces cuves étaient
faites en bois de chêne, et qu'elles avaient trois pieds et
demi de profondeur sur cinq de diamètre. Quand ces peaux
sont tirées de la première, on les met dans une seconde,
puis dans une troisième et enfin dans une quatrième, et ces
quatre cuves sont remplies jusqu'à hauteur suffisante de jus
de tannée de force différente.

Après avoir passé **par ces** quatres premières cuves, les
cuirs sont abattus dans une cuve que l'on nomme *neuve*, c'est
à dire remplie de jus pur et nouveau. Avant d'abattre les
cuirs, on met dans cette cuve quatre livres d'acide sulfurique à 65 degrés; on a soin de bien remuer la composition
avec des pelles, afin que l'acide se mêle parfaitement avec
le jus de tannée.

Le premier jour, on lève les cuirs deux fois, et chaque
fois on les laisse égoutter pendant une heure ou deux. Le
second jour, on ne les lève qu'une fois, et on les laisse reposer pendant le même espace de temps. Le second,
comme le premier jour, on a grand soin de bien remuer le
passement avant d'y rabattre les cuirs. Cette précaution est
indispensable, parce qu'autrement il serait à craindre que
l'acide ne se portât sur une partie plutôt que sur une autre,
et qu'il est essentiel qu'il soit exactement mêlé avec la
masse entière de l'eau.

Le lendemain, on met les cuirs dans une cuve remplie

de jus nouveau pur et plus fort que le précédent : cette cuve s'appelle le gonflement neuf. Le soir, on lève ces mêmes cuirs, on les laisse égoutter pendant une heure, et on les rabat ensuite dans le passement qu'on a bien remué auparavant. Pendant deux jours, on renouvelle la même opération ; enfin, après avoir séjourné six jours dans cette cuve, les cuirs sont passés, terminés pour ce qui concerne le gonflement, et bons à tanner.

136. On couche ensuite ces cuirs dans les fosses de la manière dont nous l'avons exprimé (52) ; on leur donne de trois à cinq poudres. Chaque poudre dure trois à quatre mois ; les gros cuirs ne sont parfaitement tannés qu'après la cinquième, ou tout au plus après la quatrième. Quand on lève les cuirs d'une fosse pour les mettre dans une autre, on a la précaution de les bien secouer et de les battre pour en faire tomber la tannée qui se trouve dessus.

Cette méthode, dont l'expérience a prouvé l'efficacité, est généralement employée à Paris et même dans les départements par les tanneurs qui préparent de grands cuirs de bœuf, façon de Liége. Les cuirs tannés de cette manière peuvent être confectionnés en quinze ou seize mois ; mais ceux de première qualité ne le sont guère avant dix-huit ou vingt.

DU GONFLEMENT OPÉRÉ PAR LA LEVURE DE BIÈRE.

137. Il est encore une autre manière d'opérer le gonflement des cuirs, c'est en se servant de levure de bière. Des expériences réitérées ont prouvé que ce procédé réussit parfaitement bien. Il peut être d'autant plus avantageux que le marc de bière étant une matière à peu près inutile, diminuerait nécessairement les frais du tanneur. On sait

que beaucoup de boulangers emploient de préférence cette matière pour faire lever leur pâte, et il n'est point étonnant que les parties spiritueuses contenues dans le marc de bière, et le mélange même du houblon, puissent donner à ce marc la faculté de produire une très bonne fermentation.

Pour opérer le gonflement par cette méthode, on prend du marc de bière sortant de la chaudière, et, encore chaud, on le met dans une cuve d'eau naturelle, on couvre la cuve, et on la laisse fermenter. Quand la fermentation est à son plus haut degré, on jette du sel dans la cuve et on y abat les cuirs ; on a soin de tenir ce passement continuellement chaud, on le gouverne comme les passements à l'orge ; enfin on laisse ces cuirs dans la cuve jusqu'à ce qu'on s'aperçoive qu'ils sont suffisamment plamés : on peut aussi faire ce passement à froid.

On m'a assuré que certains tanneurs commençaient le gonflement de leurs grands cuirs par la façon à l'orge, et que, quand ces cuirs avaient atteint la moitié du bassage ou passage, ils le terminaient par la jusée. On m'a également assuré qu'on obtenait par cette méthode d'excellents cuirs.

DES CUIRS PRÉPARÉS AU SIPPAGE OU A LA DANOISE.

138. La méthode de préparer les cuirs au sippage, et qui était employée dans la Bretagne et dans plusieurs autres endroits de la France, était la plus courte, puisqu'en deux mois de temps on pouvait, par cette méthode, tanner entièrement les cuirs. Voilà comment elle se pratique :

Après que les cuirs ont reçu toutes les préparations préliminaires, c'est à dire qu'ils ont été trempés, décharnés,

débourrés et travaillés de rivière, on les met dans un passement rouge, ce qu'on appelle donner une couleur.

Quand ils ont été retirés du passement rouge, on commence par les coudre tout autour; quand il ne reste plus
qu'une ouverture d'environ dix pouces, on les remplit
d'écorce et d'eau, et on coud ensuite cette ouverture de
manière que les cuirs soient entièrement fermés. Cette opération terminée, on bat ces cuirs avec force, afin qu'il ne
reste aucune partie dans laquelle l'écorce et l'eau ne se
soient point distribuées également; on les met ensuite dans
des fosses qu'on appelle *nauffes*. Ces nauffes doivent contenir assez de bonne eau de tannée pour que les cuirs y bai-
gnent entièrement, car ils noirciraient infailliblement s'ils
n'étaient pas entièrement submergés.

Lorsque les cuirs cousus, comme nous l'avons dit, sont
plongés dans les nauffes, qui ont ordinairement huit à dix
pieds de longueur sur quatre pieds de largeur et autant de
profondeur, on met dessus des planches qu'on charge ou
avec des pierres ou avec de gros poids; par ce moyen, le
jus de l'écorce pénètre plus promptement et plus fortement
dans les porosités des cuirs, et, comme il serait possible
que la pression fît plus d'efforts sur certains côtés que sur
les autres, et que par conséquent les cuirs fussent plus
tannés d'un côté que d'un autre, on a soin de les retourner
trois ou quatre fois par semaine et de les bien battre chaque
fois qu'on les retourne. En suivant ce procédé, il ne faut
qu'une seule écorce, et les cuirs sont tannés en deux mois
de temps.

Les cuirs ainsi fabriqués sont plus minces que ceux qui
sont tannés dans les fosses, et on peut en donner deux raisons : la première, c'est qu'ils n'ont pas été gonflés par les
passements, et on peut dire en second lieu que ces cuirs

4*

perdent en épaisseur ce qu'ils gagnent en étendue, étant continuellement dilatés par les poids dont on les charge. La couleur du cuir au sippage est plus claire que celle du cuir fort. On remarque aussi que ce cuir est souple et pliant comme le baudrier.

Cette méthode a beaucoup de rapport avec le tannage des Anglais. Dans certains pays, on appelle le cuir au sippage, cuir à la danoise.

Ce procédé n'est employé ni à Paris, ni dans les grandes fabriques des départements.

AVANTAGE DU CUIR A LA JUSÉE SUR TOUS LES AUTRES.

139. Les cuirs à l'orge étaient autrefois regardés comme bien préférables à ceux préparés avec la chaux ; cette opinion, quoique contrariée par les anciens routiniers, n'en est pas moins certaine. Maintenant il est constant que le cuir à la jusée ne l'emporte pas moins sur le cuir à l'orge, que ce dernier ne l'emporte sur le cuir à la chaux. On peut facilement en être persuadé en considérant que, dans la préparation du cuir à la jusée, il n'entre aucune matière qui puisse en altérer la qualité ; une autre preuve non moins concluante, c'est que des cuirs préparés avec une substance astringente doivent être préférables à ceux dans la préparation desquels il n'entre que des corps farineux, onctueux et émollients, tels que sont l'orge et le seigle.

140. Un des avantages que procure la préparation des cuirs à la jusée, c'est l'économie qui en résulte. Cette économie est d'autant plus grande, que la préparation à la jusée ne coûte absolument rien, puisqu'elle est faite avec de la tannée qui n'est d'aucune valeur, et qui après avoir servi à extraire du jus, n'en est pas moins propre à faire de

mottes ; on pourrait encore ajouter que cette méthode laisse, pour la consommation des habitants de la campagne, une quantité considérable de grain.

Ceux qui ont cherché à déprimer les cuirs à la jusée, ont prétendu que la préparation de ces cuirs, en demandant une très grande attention, ne réussissait pas avec les eaux de toute espèce, et que celles de la Meuse étaient les seules qui lui convinssent, ils ajoutaient que cette préparation manquait souvent par les seules vicissitudes de l'air.

On répond à cela qu'au moyen de l'habitude, les cuirs à la jusée ne sont pas plus difficiles à préparer que d'autres ; que l'expérience prouve que, dans les tanneries où l'on ne fabrique que des cuirs à la jusée, on éprouve rarement des pertes occasionées par l'influence de l'air, et que toutes les eaux, même celles de puits, sont bonnes, pourvu qu'on sache les employer.

Le cuir façon de Valachie est peut-être celui qui approche le plus, par sa qualité, du cuir qu'on nomme façon de Liége, ou à la jusée ; mais cependant le dernier l'emporte sur le premier, en ce qu'il se durcit même par l'usage, et que l'autre ne gagne pas à être gardé parce qu'il est creux, et par conséquent spongieux. Au reste, l'expérience et la quantité des cuirs fabriqués à la jusée prouve incontestablement que le cuir de Liége est le meilleur de tous ceux qui se confectionnent, soit en France, soit chez l'étranger.

Nous n'avons jusqu'ici parlé que des grands cuirs de bœuf ou cuirs forts ; il nous reste maintenant à donner la méthode ou les différents procédés employés pour la fabrication des cuirs qu'on appelle cuirs à œuvre.

MANIÈRE DE FABRIQUER LES CUIRS A ŒUVRE.

141. On appelle cuir à œuvre ou baudrier celui qui est fait avec des peaux de vache ou de petits bœufs, et qui sert pour les secondes semelles, les empeignes, les souliers de femmes, les souliers minces d'hommes. Le nom de cuir à œuvre lui vient probablement de ce qu'il est travaillé par le corroyeur qui le met en œuvre de différentes façons. Le cuir fort, au contraire, sort perfectionné des mains du tanneur, et n'est pas susceptible de recevoir des formes aussi nombreuses. Ce n'est pas que les peaux de vache ne fussent aussi propres à faire du cuir fort ; car il est reconnu qu'elles sont plus serrées que celles des bœufs, et qu'elles feraient par conséquent de meilleur cuir ; mais elles manquent de l'épaisseur qui est indispensable pour les gros cuirs. Les peaux de bœuf qui sont et minces et petites, sont également employées pour faire du baudrier.

142. Le baudrier ne se prépare point à la jusée, mais à la chaux. On le laissait autrefois dans les plains pendant un mois environ. Suivant l'*Encyclopédie méthodique*, on devait l'y laisser deux et même trois mois ; mais les bons tanneurs ne le laissent que le temps nécessaire pour qu'il puisse se dépiler, et pour cela huit jours en été et dix ou douze en hiver suffisent. Quand le baudrier est sorti des plains, on lui donne plusieurs façons de rivière. On appelle travailler un cuir de rivière l'écharner, le recouler fortement sur le chevalet de fleur et de chair, afin d'en enlever exactement toute la chaux. On répète ce travail quatre ou cinq fois, et à chaque fois on a soin de bien rincer les peaux, s'il se peut, dans une eau courante.

Les tanneurs de Paris, qui fabriquent des cuirs de cette

espèce, ne donnent que deux façons de rivière aux cuirs qui sont destinés à faire des semelles de soulier.

Quand le baudrier a été travaillé de rivière, on le met dans le coudrement où il reste pendant huit jours.

143. Ce qu'on nomme coudrement est une eau astringente faite avec du tan ; cette eau affermit et commence à tanner les peaux.

Les coudrements se font dans des cuves en bois de quatre pieds de hauteur sur six de diamètre. On met dans ces cuves de l'eau chaude et du tan. Il faut cinq corbeilles de tan pour un coudrement de vingt-quatre vaches. Quand les peaux ont été plongées dans les coudrements, trois ou quatre ouvriers robustes les tournent en tout sens , en les agitant continuellement avec des pelles, tantôt de gauche à droite, tantôt de droite à gauche ; cette opération doit durer une heure, et se réitère plusieurs fois. Chaque jour on relève les cuirs, on les laisse égoutter, puis on les rabat, après avoir mis dans le coudrement un peu de tan neuf pour lui donner une nouvelle force.

Le coudrement n'est plus en usage dans la majeure partie des tanneries. On se contente de mettre dans les cuves de l'eau et du tan neuf à deux fois différentes, de lever et de rabattre les peaux chaque jour, ou de les faire suivre de cuve en cuve comme un train de passerie.

144. Après cette opération, ou bien quand les cuirs ont été tournés pour la dernière fois dans le coudrement, on les met en refaisage.

On appelle mettre les cuirs en refaisage les étendre de toute leur longueur dans une cuve où l'on a déjà mis de l'eau et un lit de tan, ce qui s'exécute de cette manière : le lit de tan étant fait, on étend dessus une peau ; sur cette peau on met du tan neuf, puis une seconde peau et ainsi de suite, en tournant toujours autour de la cuve. On a soin quand on double les extrémités, de mettre du tan dans tous les doubles ; enfin on remplit la cuve d'eau froide, et on y laisse les cuirs pendant un mois ou six semaines, quelquefois plus, quelquefois moins, selon la saison. Ce refaisage tient lieu d'une première poudre.

145. Le refaisage demande une fois plus de poudre que le coudrement. Ainsi, pour un refaisage de vingt-quatre vaches et de douze douzaines de veaux, il faut vingt-deux corbeilles de tan. On calcule que sur ces vingt-deux corbeilles il en entre dix pour les vaches et douze pour les veaux. La quantité du tan qu'on doit employer se règle sur la force des peaux. Il faut sans doute plus de poudre pour douze veaux pesant cent vingt livres secs en croûte que pour douze autres qui ne pèseraient, dans le même état, que vingt-quatre livres.

Après le coudrement et le refaisage, on met les baudriers en fosse ; quand ils sont couchés on les abreuve d'eau, et on les laisse trois mois dans cet état. Il faut veiller avec soin à ce que l'eau ne manque jamais dans les fosses. On a remarqué que l'eau la plus douce était la plus avantageuse pour cette opération, quand on préparait des peaux destinées à recevoir des corps gras ; mais que des eaux fermes étaient préférables pour les cuirs destinés à faire des semelles.

Au bout de trois mois on retire les cuirs de la première fosse, et on les couche dans une seconde où ils doivent rester cinq à six semaines. Nous avons dit (144) que le refaisage tenait lieu d'une poudre : c'est pourquoi on n'en donne que deux ensuite.

Par la raison que nous avons déjà donnée plus haut, les baudriers devraient rester autant de temps dans la seconde que dans la première poudre, c'est à dire trois mois environ dans chacune.

D'après l'*Encyclopédie méthodique*, les baudriers ne doivent rester que deux mois dans la première poudre ; et après qu'ils en ont été tirés, on doit les fouler aux pieds ou à la bigorne, parce que cette opération, à ce qu'on prétend, assouplit les cuirs et les dispose à mieux prendre le tan. Les bons tanneurs sont de cet avis ; mais ils pensent que les cuirs qui sont destinés pour les selliers, ou bien qui doivent servir à faire des tiges et des empeignes de souliers, sont les seuls auxquels cette opération puisse être avantageuse. (Voyez le n° 148.)

146. Quand on a retiré les baudriers de la seconde poudre, on les fait sécher. Pour y parvenir on les étend sur des perches, et on les place de manière à ce qu'ils ne soient saisis ni par le froid, ni par le chaud. On emploie d'ailleurs les précautions que nous avons déjà indiquées (n° 48, etc.). Quand ces cuirs sont secs, on les appelle *vaches en croûte*, et c'est dans cet état qu'ils passent entre les mains du corroyeur.

Ces vaches en croûte sont ensuite travaillées de différentes manières, suivant l'usage auquel elles sont destinées. Le corroyeur en fait des cuirs pour les semelles de souliers minces ou escarpins, des cuirs noirs à grains, des cuirs lissés, des vaches rouges et des cuirs de Russie employés par les selliers, les bourreliers et les coffretiers.

L'expérience a prouvé que les cuirs de petits bœufs sont inférieurs en qualité à ceux des vaches : aussi les cordonniers se servent-ils de ces derniers pour les semelles extérieures, tandis qu'ils n'emploient les premiers que pour les semelles intérieures. Il est connu maintenant que les petits bœufs, quand ils sont bien travaillés, sont aussi bons que les vaches, et qu'on peut les employer avec le même avantage.

On a remarqué cependant que les débris, c'est à dire les ventres et autres parties faibles des cuirs de bœuf, valaient mieux que ceux des cuirs de vache. On ne pourrait guère donner la raison de cette différence; mais la chose en elle-même est peu importante parce qu'on n'emploie ces débris, qu'ils soient de bœuf ou de vache, que pour les premières semelles, c'est à dire celles qui sont dans l'intérieur du soulier. Au reste une bonne vache, bien choisie et bien préparée, est généralement regardée comme le meilleur de tous les cuirs. Tous les tanneurs conviennent que la peau d'une vache qui a porté, s'affaiblit et devient mince en se distendant, et que pour faire un excellent baudrier, il faut employer la peau d'une vache qui n'a point été pleine.

147. Le baudrier se prépare d'une infinité de manières. On voit, dans le traité de M. Delalande, que dans la Bretagne les baudriers sont préparés au sippage. Les tanneurs de ce pays, après avoir laissé les peaux dans les plains pendant deux mois, les mettent sept à huit jours dans les coudrements, et emploient ensuite le procédé du sippage que nous avons décrit (138). Quand les peaux ont été remplies de l'eau du coudrement et de l'écorce qui y a bouilli, on les laisse en cet état pendant sept à huit jours, ayant soin de les changer de position cinq à six fois par jour. On les retire ensuite, on les découd, on les étend dans la cuve après avoir fait un lit avec la poudre qui les remplissait. On met alternativement un cuir et une couche de cette tannée. Les cuirs restent huit jours ainsi sans être remués, et ces huit jours expirés, on les lève et on les fait sécher.

Il est constant que dans le Limousin on laisse les veaux

quatre mois en chaux, et qu'on les met ensuite en fosse dans la poudre de chêne pendant trois mois.

Que dans le Dauphiné les veaux ne restent dans la chaux que quinze jours; qu'on leur donne ensuite deux écorces différentes dans les rodoirs; qu'on les en retire au bout d'un mois; et qu'on les met en fosse pendant un mois et demi.

Qu'à Metz, à Verdun, les vaches, après être restées huit jours dans un plain mort et autant dans un plain neuf, sont mises dans des cuves d'eau d'écorce pendant un mois, et qu'ensuite on leur donne deux poudres qui durent cinq mois.

Qu'à Bourges, et dans différentes parties du Berry, les cuirs de vache restent trois mois dans les plains et six mois en fosse.

Enfin voilà la méthode adoptée à la manufacture de Saint-Germain; on y passe les peaux de vache et de petits bœufs dans trois plains morts et un plain vif, et on leur donne cinq façons de rivière. La première façon consiste à espasser fortement sur le chevalet avec un couteau à faux, afin d'en bien faire sortir la chaux; et après qu'on les a écharnées avec un couteau rond, on les remet à l'eau; on les en retire ensuite, on les met sur le chevalet, on leur donne une forte passe sur la fleur avec la queurse, on en fait bien sortir la chaux; et quand ces peaux ont été de cette manière adoucies et unies, on les rejette à la rivière.

La troisième façon consiste à les passer sur le chevalet avec un couteau rond, tant de fleur que de chair, à bien en faire sortir la chaux et à les remettre à l'eau. Les quatrième et cinquième façons sont absolument les mêmes; à la fin de la cinquième l'eau doit sortir claire de ces peaux; il ne doit plus y rester de chaux, et par conséquent elles sont en état d'être mises dans le coudrement.

MANIÈRE DE TRAVAILLER LES PEAUX DE VEAU.

148. Les peaux de veau passent dans trois plains morts et un plain vif; mais comme elles sont plus faibles et plus délicates que les baudriers, on a soin de faire passer dans le plain vif des vaches avant d'y mettre les veaux. C'est la seule différence qu'il y ait entre le travail des unes et des autres.

Lorsque les peaux de veau sont sèches, ce qui arrive souvent, dans les provinces surtout, on les foule aux pieds pour les ramollir avant de commencer à les travailler.

La première façon de rivière est, pour les peaux de veau, la même que pour les peaux de vache (voyez 141); mais la seconde est bien différente. On met, dans un baquet de grandeur suffisante, seize à dix-huit peaux de veau, quatre hommes ayant en main chacun un pilon de bois (pilons qui ont huit à neuf pouces de hauteur, qui se terminent en coins, et sont placés au bout d'un long manche), quatre hommes, dis-je, pour adoucir et rompre les nerfs de ces peaux, les foulent avec ces pilons pendant un demi-quart-d'heure. Cette opération se réitère quatre fois, c'est à dire après chaque façon de rivière.

L'*Encyclopédie méthodique* veut qu'on supprime la méthode de fouler les veaux dans des baquets, et qu'on leur donne six façons de rivière.

Quand les peaux de veau sont bien débourrées et écharnées, et que la chaux en est si bien enlevée que l'eau en sort claire, elles sont propres à être mises dans le coudrement. (Voyez n° 143.)

Après qu'elles ont été mises dans le coudrement, elles doivent être tournées plusieurs fois, et dans tous les sens, ncore avec plus de précaution que les peaux de vache. On doit ne pas oublier de mettre du tan nouveau dans le coudrement toutes les fois qu'on tourne les peaux de veau.

En sortant du coudrement, les peaux de veau sont mises en refaisage. Ce refaisage doit durer un mois, c'est à dire qu'elles y restent jusqu'au moment où on les couche en fosse. La manière de mettre les veaux en refaisage est à peu près la même partout. On fait d'abord un lit de tan au fond de la cuve, et on étend une peau dessus; par-dessus cette peau on met encore du tan, puis une autre peau, et on continue ainsi jusqu'à la dernière peau qu'on couvre de tannée; on humecte ensuite le refaisage avec de l'eau du coudrement.

149. La poudre de tan dont on se sert pour mettre les peaux de veau en fosse, doit être très fine. Ces peaux ne sont pas placées dans les fosses comme les autres cuirs; car, pour les coucher, on les plie en long, mais d'une manière inégale, et on ne garnit point les duplicatures de tan; cependant on a soin de mettre un peu plus de poudre sur les parties les plus épaisses, telle que la tête et la culée.

Les peaux de veau restent trois mois dans la première poudre; ce temps expiré, on les relève, et on les met dans une seconde poudre, après les avoir battues et nettoyées de manière à en enlever toute la tannée qui aurait pu s'y attacher. On les plie de nouveau en long, et inégalement, mais on a soin que la partie doublée la première fois, soit mise simple la seconde, et que la partie qui avait été mise simple dans la première poudre, soit doublée dans la seconde fosse. Le tan que l'on met entre les cuirs pour cette dernière poudre, doit être aussi très fin. Les peaux séjournent encore pendant trois mois dans cette seconde fosse, sur laquelle on a versé de l'eau en quantité suffisante pour

humecter le tan et les cuirs. On doit aussi, comme nous
l'avons dit dans plusieurs endroits en parlant des fosses,
avoir soin que l'eau n'y manque jamais. L'eau la plus douce
est celle qu'il serait utile d'employer dans ce cas.

150. Quand les peaux de veau sortent de cette dernière
poudre, le travail du tanneur est terminé. A Paris, et dans
plusieurs autres grandes villes, les corroyeurs, entre les
mains de qui elles passent alors, les achètent sur le bord de
la fosse, c'est à dire quand elles sont encore humides. Cependant il est des tanneurs qui les font sécher et les vendent
en croûte ; d'autres les mettent à l'huile ; d'autres enfin
les travaillent eux-mêmes ; car beaucoup de tanneurs sont
en même temps corroyeurs.

Quelques fabricants tannent les cuirs de veau et de mouton, dans une eau d'écorce qu'ils font chauffer ; mais il en
est un plus grand nombre encore qui se servent d'eau froide ;
on ne peut blâmer ni l'une ni l'autre de ces deux méthodes.

DU TANNAGE DES PEAUX DE CHÈVRE ET DE MOUTON.

151. Les tanneurs qui préparent des peaux de chèvre,
les achètent toujours sèches et en poil ; on est donc obligé
de les amollir avant de les travailler. Pour y parvenir, on
les met à l'eau, et quand on les retire on les foule avec les
pieds. Quant à la manipulation subséquente, elle est à peu
près la même que celle des veaux ; car les chèvres sont
aussi mises dans trois plains morts et dans un plain vif ; on
les débourre et on les écharne ; mais elles demandent à être
beaucoup plus travaillées de rivière que les veaux. On est
presque toujours obligé de leur donner dix façons, et la
raison en est simple, c'est qu'elles sont très sèches de leur
nature. Pour les dernières façons, au lieu de les mettre à la

vière, on se sert de baquets dans lesquels on les fait trem-
er : cependant cette précaution, qui ne concerne que la
propreté, ne doit pas être regardée comme indispensable.
Il serait bon de donner aussi aux peaux de chèvre, ce qu'on
appelle des confits.

152. Après avoir été travaillées de rivière, les peaux de
chèvre se mettent dans le coudrement; on les couche aussi
dans une cuve de refaisage, pendant une quinzaine de
jours, et ensuite on les met en fosse. Comme elles sont
très minces, une seule poudre leur suffit.

On a cru pendant long-temps qu'on ne devait lever les
cuirs forts qu'en automne, et que le printemps était l'époque
la plus convenable pour lever les vaches, les veaux et les
chèvres; mais c'est une erreur : les bons fabricants, que
j'ai consultés à ce sujet, m'ont assuré que les cuirs quelconques pouvaient être levés dans toutes les saisons.

153. On appelle basane, une peau de mouton qui est
tannée. Trois semaines ou un mois de plain, tout au plus,
suffisent pour les peaux de cette espèce. Dans un plain fait
exprès pour préparer les basanes, il ne doit entrer, pour
vingt douzaines de peaux, que six quintaux de chaux. Autrefois, quand les peaux de mouton étaient dépilées, on les
laissait encore dans les plains pendant une quinzaine de
jours; mais l'expérience et la pratique ont prouvé qu'elles
ne doivent pas y rester plus de quatre ou six jours. Les
peaux de mouton doivent être travaillées de rivière et foulées à peu près de la même manière que les peaux de chèvre, et quand elles sont bien plamées, on les met pendant
un mois dans le coudrement froid.

Il est une manière de préparer les basanes en deux jours
de temps; c'est en les cousant tout autour, après les avoir
remplies d'écorce, ce qu'on appelle sipper, en les mettant

dans un coudrement neuf, fort chaud, en ayant bien soin de les remuer de temps en temps, et de réchauffer le coudrement deux ou trois fois par jour.

DU CUIR DE CHEVAL.

154. On a cru long-temps que le cuir de cheval était de mauvaise qualité, et on en fabriquait peu, surtout à Paris ; mais maintenant il est reconnu que ce cuir est un des meilleurs que nous ayons pour les empeignes et les tiges de bottes, et il s'en prépare en très grande quantité, tant dans la capitale que dans les provinces.

Le travail du cuir de cheval est absolument le même que celui des peaux de veau : seulement il est nécessaire de le laisser en fosse plus long-temps que le veau, à cause de sa culée qui est très forte. Ainsi huit mois de fosse sont en général très suffisants. Suivant l'*Encyclopedie méthodique*, on ne devrait laisser le cuir de cheval que six mois en fosse; nous ne sommes pas de son avis.

Le cuir de cheval est facile à connaître, et se distingue par des plis très forts, la longueur du cou et l'épaisseur sur la crinière.

DÉFAUTS QUI SE RENCONTRENT DANS LES CUIRS, ET SIGNES AUXQUELS ON PEUT LES RECONNAITRE.

155. Parmi les défauts qui se rencontrent dans les cuirs, les uns sont dus à la mauvaise qualité des peaux, et les autres à des vices dans leur préparation.

Il est impossible de bien tanner les peaux minces, creuses, sèches, celles qu'on appelle veules, et, en général, toutes celles qui se gonflent difficilement, ou bien dans les-

quelles le gonflement ne s'opère jamais d'une manière satisfaisante.

Il est également difficile de bien préparer les peaux cou-
telées, tels que sont souvent les grands cuirs d'Irlande et
du Brésil. Cette coutelure vient de la négligence ou de l'in-
curie des bouchers, en déshabillant les peaux.

Les cuirs que l'on met dans des eaux limoneuses ou
chargées de particules trop crues, se piquent ou s'effleurent
assez souvent ; il en est d'autres tellement difficiles à dépi-
er, qu'il reste sur la fleur des parties hétérogènes ; ce qui
est cause qu'en travaillant les peaux sur le chevalet, on les
coupe, parce que ces parties qui sont dures résistent au
couteau.

Quand les cuirs restent trop long-temps dans la chaux,
ils sont parfois tellement brûlés, qu'en les prenant avec la
pince, ils se déchirent, et qu'il est presque impossible de
les écharner.

156. Suivant M. Delalande, et en cela les tanneurs instruits sont du même sentiment, l'écorce vieille chargée
de crevasses, couverte de mousse noire, éteinte par l'humidité, nuit tellement à la qualité des cuirs, qu'il est impossible, avec une écorce de cette espèce, d'opérer un bon
tannage. Les fosses mal abreuvées, et celles qui perdent
l'eau, produisent aussi un mal presque irréparable, et la
raison en est bien évidente ; car les parties tannantes de
l'écorce, ne peuvent pénétrer le cuir qu'autant qu'elles
sont dissoutes et emportées par l'eau, qui ensuite abreuve
les cuirs, et quand une fosse manque d'humidité, il ne
peut plus y avoir ni dissolution, ni pénétration.

157. Il est incontestable que la mauvaise qualité des
eaux employées, surtout pendant la durée des passements,
contribue beaucoup au mauvais tannage des cuirs. Les eaux

de la rivière des Gobelins étaient autrefois regardées comme
si peu propres pour les passements, que les tanneurs dont
les établissements étaient situés vers Saint-Hippolyte, faisaient, pour cet effet, venir de l'eau de la Seine.

Suivant les remarques de M. Delalande, on peut ajouter
d'après l'expérience, que l'eau de la rivière des Gobelins
ayant atteint la rue Censier, qui est à trois cents toises, tout
au plus, au-dessous de Saint-Hippolyte, l'eau de la rivière
des Gobelins, dis-je, change en quelque sorte de nature pendant ce court trajet; elle se charge d'une quantité considérable
de parties animales, en passant au travers des habitations de
tanneurs, de mégissiers et de teinturiers, qui garnissent les
bords de cette rivière, et elle acquiert une qualité au moyen
de laquelle elle abat davantage les peaux et devient propre
surtout au travail des veaux et des chèvres. Cette eau hâte
même tellement le travail, qu'il est plus, ou du moins autant avancé en six heures dans la rue Censier, qu'en vingt-
quatre à Saint-Hippolyte.

On a trouvé maintenant le moyen de se servir partout
sans aucune crainte, des eaux de la rivière des Gobelins,
et il est reconnu qu'en passant sur des fosses à jus mortes,
cette eau se dégraissait entièrement, se clarifiait et devenait
aussi bonne que toute autre.

Au moyen de cette découverte, on peut se servir, plus
haut comme plus bas, des eaux de la rivière des Gobelins,
tant pour la préparation des cuirs à l'orge, que pour celle
des cuirs à la jusée. On pensait autrefois que ces eaux n'é-
taient ni assez dures, ni assez fortes pour les cuirs que nous
venons de désigner.

158. Il est incontestable qu'une eau fraîche, vive et
pure, est la seule qui convienne pour la préparation des
cuirs à la jusée; ce qui le prouve, c'est que les cuirs pré-

rés en été, sont bien moins fermes que ceux qui sont tra-
aillés l'hiver; ce qui vient de ce que les passements n'ayant
oint assez de fraîcheur, se corrompent en peu de temps,
t que, loin de dilater les cuirs, ils les abattent et les ramol-
ssent, et c'est d'après ces signes qu'on connaît ordinaire-
ent si les cuirs sont d'été ou d'hiver.

L'hiver cependant présente aussi quelques inconvénients,
t les tanneurs qui veulent conserver les cuirs dans toute
eur force, ont grand soin de les préserver de la gelée.

Plusieurs fabricants que j'ai consultés à ce sujet, ne sont
as d'accord, relativement à l'effet que produit la gelée sur
es cuirs; les uns prétendent qu'elle ramollit le nerf de la
eau, et assurent que, pour ramollir et disposer au travail
es veaux minces et autres peaux difficiles à revenir, il suf-
t de les étendre quelquefois à la gelée. D'autres, et je pen-
e pour leur avis, soutiennent que la seule raison pour la-
uelle la gelée nuit aux cuirs, c'est que ces cuirs étant
leins d'eau, cette eau, en se congelant, acquiert un volume plus considérable, et force, par cela même, le nerf
es peaux à prendre plus d'extension.

159. On dit que les cuirs sont corneux, quand il s'y rencontre certaines parties, qui sont sèches et presque aussi
dures que la corne, parce que n'ayant pas été assez ramollis, le tan n'a pu les pénétrer. Pour obvier à ce défaut,
surtout dans les peaux vertes, il faut bien prendre garde de
les laisser sécher au grand air. Il est facile de voir qu'un
cuir de cette espèce ne peut être employé ni pour les souliers, ni pour les bottes.

160. On appelle *verdelets*, de petits trous presque im-
perceptibles que les vers ont faits dans un cuir. Ces petits
trous détériorent le cuir à un tel point, qu'il est impossible
de l'empêcher de prendre l'eau, et que, par conséquent,

I. 5

on ne peut l'employer ni pour l'impériale d'une voiture, [ni]
pour des semelles.

Le peu de soin que les bouchers prennent des peaux e[st]
cause qu'il se rencontre souvent des cuirs coutelés du cô[té]
de la chair. On ne peut remédier à cet inconvénient qu'e[n]
enlevant avec la lunette, ou plutôt avec un couteau [à]
revers, une partie du cuir du côté de la chair; mais [il]
n'est pas douteux qu'on altérerait beaucoup la force du cui[r]
si l'on était forcé de creuser jusqu'à atteindre le nerf.

161. Suivant M. Delalande, quand on emploie des cui[rs]
de cette espèce, c'est à dire dont la chair est coutelée, [le]
seul moyen de conserver la fleur, et d'empêcher que la se[-]
melle ne prenne l'humidité, est de mettre en dehors le cô[té]
coutelé. Cependant j'ai vu des tanneurs et même des co[r-]
donniers qui m'ont assuré qu'il est beaucoup plus avant[a-]
geux, dans ce cas, de mettre la fleur en dehors, et qu[e]
c'est par là seulement qu'on peut empêcher l'humidité [de]
pénétrer. Ils ont même ajouté que le cuir faisait alors u[n]
bien meilleur usage.

162. Quand un cuir a été endommagé sur la fleur, s[oit]
dans le travail de la plamerie, soit dans la dépilation, s[oit]
enfin dans le travail de rivière, et qu'il est aussi coutelé [du]
même côté, le cordonnier adroit aura soin, en l'employ[ant,]
de mettre le côté de la chair en dehors; autrement, [si]
que la fleur serait tant soit peu usée, la semelle deviend[rait]
spongieuse et prendrait l'eau facilement.

Un bon cordonnier ne doit jamais manquer de trem[per]
et de bien battre son cuir avant de l'employer, et de [ne]
jamais se servir, surtout pour les semelles, du ventre , [du]
collet et des pattes.

Dans *l'Art du cordonnier*, que nous avons publié, n[ous]
avons donné, page 68, un léger aperçu sur la préparati[on]

les cuirs, sur les défauts qui peuvent s'y rencontrer, et sur les connaissances nécessaires aux cordonniers, pour ne pas être trompés dans les acquisitions qu'ils en font, et, par conséquent, nous fournir des chaussures de bonne qualité.

MÉTHODE DE M. SÉGUIN.

163. Les opérations préliminaires du lavage et de l'écharnement sont, dans la méthode de M. Séguin, les mêmes que dans les autres, à la seule différence qu'il place les peaux dans la rivière de manière à ce qu'elles soient dans toutes leurs parties en contact avec l'eau.

M. Séguin a d'abord débourré les cuirs par le moyen de la chaux, ensuite il s'est servi du jus de tannée, auquel il mêlait un cinq-centième et quelquefois un millième d'acide sulfurique.

164. Pour faire gonfler les peaux, M. Séguin avait fait remplir d'eau une fosse revêtue à l'intérieur d'un ciment, dans la composition duquel il entrait un peu de chaux, et il y avait ajouté un quinze-centième d'acide sulfurique; mais ce procédé ne réussit pas, parce que l'acide, au lieu d'agir sur la peau, se combina avec la chaux qui se trouvait dans le ciment.

165. Au lieu de fosses, il se servit ensuite de cuves de bois. Il y mit les peaux avec de l'eau et un quinze-centième d'acide sulfurique très concentré: il augmenta insensiblement la dose d'acide jusqu'à un millième, et il parvint, suivant le rapport qui fut fait alors au comité de salut public, à opérer le gonflement de ses peaux en quarante-huit heures.

M. Séguin a prétendu ensuite que le gonflement des peaux n'était pas une opération nécessaire; il a même as-

suré en avoir tanné sans les avoir fait gonfler, et qu'il e
avait fait d'excellents cuirs.

Pour opérer ce qu'on appelle proprement le tannage
M. Séguin ne couche pas les cuirs en fosse, mais il se ser
de jus d'écorce neuve. Pour former ce jus, il fait rempli
des cuves placées par ordre de poudre d'écorce, et y fai
verser une certaine quantité d'eau. Cette eau, en filtrant à
travers le tan, en emporte la partie soluble et va s'égoutte
dans des vaisseaux placés à cet effet au-dessous des cuves
On prend cette eau et on la verse sur une seconde cuve, e
on continue le même procédé jusqu'à ce que la liqueur soi
suffisamment saturée ; et comme il reste encore des partie
solubles dans le tan qui n'a servi qu'une fois, il fait remettr
de l'eau dessus, et le lave de cette manière jusqu'à ce qu'i
soit entièrement épuisé.

166. C'est donc dans une dissolution de tan très faibl
que M. Séguin met ses peaux, quand elles sont sorties de
passements à l'acide sulfurique. Il les laisse dans cette dis
solution une heure ou deux seulement, pour donner un
couleur à la fleur ; il les lève ensuite et les plonge dans un
dissolution plus forte que la première, c'est à dire plu
chargée de principe tannant, et continue cette opératio
graduellement jusqu'à ce que le tannage soit entièreme
achevé.

167. Il est bon d'observer que M. Séguin ne met pas l
peaux pêle-mêle dans les cuves. Il veut qu'elles y soie
suspendues perpendiculairement, et séparées les unes d
autres d'environ un pouce, parce que, si elles se to
chaient, ce contact pourrait nuire à la pénétration du ta
et il en résulterait que les peaux seraient moins bien tan
nées dans certains endroits que dans les autres.

Pour rendre cette opération plus facile, M. Séguin ve

qu'on coupe la tête des cuirs, qu'on ôte de chaque côté une bande à laquelle resteraient attachées les pattes et la partie du ventre, et qu'on partage ensuite les cuirs en différents morceaux, dont la grandeur serait proportionnée à la profondeur de la cuve. Les bandes levées sur les côtes étant d'une qualité inférieure à celle des autres parties, peuvent être mises sans ordre dans le fond de la cuve.

168. Quand, par ce moyen, les cuirs ont été suffisamment tannés, on les fait sécher, comme nous l'avons dit. Voyez n° 48.)

Quant à la méthode employée pour le tannage des cuirs empeignes, M. Séguin, après les avoir lavés et décharnés, es fait débourrer dans de l'eau de chaux claire, et ne leur fait point subir l'opération du gonflement. Il les met dans les dissolutions faibles de tan, dissolutions qui sont une espèce de coudrement; il augmente insensiblement leur force, et cependant il ne les conduit pas jusqu'à la concentration nécessaire aux cuirs forts. M. Séguin tannait en trois ou quatre jours des cuirs à empeignes.

169. Sans doute la méthode de M. Séguin est plus courte que toutes les autres, elle exige moins de main d'œuvre, et, par conséquent, moins de dépense : elle eût donc été une découverte très intéressante si ses résultats eussent été tels qu'on les promettait ; mais quoiqu'en aient pu dire les commissaires du comité de salut public, dans le rapport qu'ils lui firent le 3 brumaire an 3, les cuirs fabriqués d'après la méthode de M. Séguin ont été reconnus comme si mauvais qu'ils n'ont jamais été accueillis dans le commerce, et que cette méthode n'a été adoptée par aucun des bons fabricants de Paris ou des départements. J'ai eu, à cet égard, de longues conférences avec les tanneurs les plus instruits de la capitale, et tous ont été du même avis.

La conclusion est donc facile à tirer. M. Séguin avait sans
doute des intentions louables; il a prouvé qu'il possédait de
grandes connaissances en chimie; mais bornons-nous à lui
rendre ce tribut d'éloges.

DES PEAUX HUMAINES.

170. Ne voulant rien omettre de ce qui regarde l'art du
tanneur, nous transcrirons ici, seulement pour la forme,
l'article de M. Delalande : « Il est rare, dit cet écrivain célèbre, qu'on s'avise de vouloir tanner les peaux humaines;
aussi n'en parlerons-nous qu'en passant, et à la fin de l'é-
numération que nous avons faite de toutes les peaux qui se
tannent. Lorsqu'on a essayé de tanner des peaux de cette
espèce, on a cru qu'elles exigeaient plus de plains ou de
passements que les autres, parce qu'elles sont plus grosses.
Elles ont plus de corps que les vaches; elles renflent beaucoup dans les passements; passées en blanc ou en façon de
Hongrie, elles se condensent, et sont, au contraire, plus
minces que des vaches passées en façon de Hongrie. Le
ventre est la partie la plus épaisse d'une peau humaine, au
lieu que, dans les vaches, le ventre est la partie la plus
mince. Il est prouvé que les peaux humaines, passées en
chamois, ont la réputation d'être un topique avantageux
pour les cors aux pieds. »

171. L'auteur de l'*Encyclopédie méthodique* a compris dans
l'art du tanneur plusieurs préparations qui lui sont entièrement étrangères ; nous ne l'imiterons pas en ce genre,
nous donnerons, autant que nous le pourrons, à chaque
art ce qui lui convient, et nous tâcherons, par ce moyen,
de ne pas confondre les matières, et de ne pas nécessiter
de la part de nos lecteurs, des recherches toujours désagréables et souvent infructueuses.

CUIRS DE PROVENCE.

MANIÈRE DE PRÉPARER LES CUIRS CONNUS SOUS LE NOM DE CUIRS VERTS.

173. Les cuirs verts qui se préparent particulièrement à Grasse, ne sont confectionnés qu'avec des peaux de buffle, qu'on tire de l'Égypte ou de Constantinople. Ces peaux arrivent toujours en tripes et salées; mais cependant on les fait sécher en débarquant, et c'est dans ce dernier état qu'elles sont transportées dans l'intérieur de la France. La raison pour laquelle on préfère les buffles aux bœufs, c'est que les premiers ayant la fibre beaucoup plus lâche que les autres, sont susceptibles d'admettre intérieurement beaucoup plus de principes tannants.

174. La première opération est de ramollir les peaux. Pour y parvenir, on les met à l'eau et on les y laisse cinq à six jours; on les transporte ensuite dans un plain mort de chaux, où elles restent de huit à dix jours, c'est à dire jusqu'au moment où elles peuvent se débourrer, cependant avec un léger effort, parce qu'il ne faut pas que le poil cède de lui-même trop facilement. Pendant cet espace de temps, on les relève et on les rabat deux ou trois fois, ayant soin qu'elles restent sur leur repos ou hors du plain autant de temps que dans le plain.

175. Quand les peaux ont atteint le degré où elles peuvent être débourrées, on les lève pour la dernière fois, on les

place sur le chevalet qui doit être couvert d'une couche, et au moyen d'un couteau nommé le *peloir*, on les dépile entièrement.

Cette opération terminée, on met les peaux à l'eau; elles ne doivent pas y rester plus de deux jours; après cela on les écharne sur le chevalet avec un couteau tranchant, qu'on nomme l'*écharnoir*, et on les travaille de rivière.

176. Le travail de rivière doit durer jusqu'à ce que les peaux soient parfaitement souples, et qu'elles soient si bien dégagées de la chaux que l'eau en sorte propre et claire. Trois à quatre façons sont en général suffisantes pour atteindre ce but.

Après cette opération, les peaux sont disposées à recevoir la première couleur qui se donne de la manière suivante :

177. On forme ce qu'on nomme un bain dans de grandes cuves, où les peaux sont rangées à peu près comme dans les fosses à tan et couvertes de feuilles de myrte. On verse sur ces peaux une décoction, ou bouillante ou prête à bouillir, de feuilles de myrte ou de lentisque pulvérisées. Les peaux ne doivent jamais être trop pressées, et il est essentiel que l'eau les submerge. On conçoit facilement que les chaudières doivent être d'une grande capacité, autrement il faudrait faire le bain à trop de reprises.

178. Pendant les deux premiers jours du bain, on remue les peaux et on les agite presque continuellement; le troisième on les coud en forme de sac, on les emplit avec l'eau et les feuilles de myrte qui ont servi à faire le bain, et on les empile dans la cuve même : c'est ce qu'on appelle achever de *donner la couleur*. Les fabricants varient dans le gouvernement de ces bains, car les uns se contentent de remuer les peaux trois fois par jour, savoir : le matin, à midi et le soir, et de verser sur la cuve une chaudière d'eau

u de décoction de feuilles de myrte ou de lentisque pulvé-
isées; d'autres, au contraire, renouvellent entièrement
l'eau pendant huit à dix jours. Après dix jours au moins, et
dix-huit jours au plus, selon la température de l'air, on
retire les peaux de la cuve, on les découd, on les coupe en
deux, et on les couche en fosse. Cette opération se pratique
comme pour les fosses à tan, mais au lieu de poudre d'é-
orce de chêne, on se sert de poudre de feuilles de myrte
ou de lentisque. Les peaux doivent être couchées le côté de
la chair en dessus, et on doit mettre entre chacune d'elles
un pouce d'épaisseur de poudre; on a soin de faire dans le
fond de la cuve un premier lit de poudre humectée.

179. Tous les trois mois, on lève les cuirs, on les rince
avec soin, et on les recouche avec de la poudre nouvelle.
On renouvelle périodiquement cette opération pendant dix-
huit mois, et ce temps expiré, on retire les cuirs des fosses
et on les met au séchoir. On les y laisse jusqu'à ce qu'ils
soient à peu près secs, et alors on les aplanit avec un maillet; on a soin d'en faire entièrement disparaître les rides;
on se sert pour cela d'un instrument nommé *fer à aplaner*.
Les fers à aplaner sont de deux espèces : ceux dont on se
sert pour le côté de la fleur sont ronds, et ceux qui sont
destinés au côté de la chair sont tranchants. Avant de faire
cette opération, que l'on nomme *embourrer les cuirs*, on
sépare de la peau, la partie du ventre qu'on prend depuis
la jambe de devant jusqu'à celle de derrière : on vend
même séparément cette partie qui est la plus faible du cuir.

180. Quand les cuirs exposés au grand air sont parfaitement secs, on les secoue et on les frotte, et pour les disposer à être imbibés du suif fondu qu'on doit leur donner
de fleur et de chair, on les échauffe en les promenant en
tout sens sur un fourneau couvert en forme de terrasse.

5*

On ne cesse de donner le suif que quand on est assuré qu[e]
les cuirs n'en prennent plus; en cet état, on les fait d[e]
nouveau passer sur le fourneau, puis on les met en pile, o[n]
les charge, et on les laisse ainsi pendant un jour. Le len[-]
demain, on les remet à l'air, et, en finissant de sécher, il[s]
acquièrent de la blancheur et de la fermeté.

Au lieu de dix-huit mois, on laissait autrefois les cui[rs]
en fosse pendant trois ans. On prétend même qu'alors il[s]
étaient d'une meilleure qualité que maintenant, et qu[e]
l'humidité les pénétrait très difficilement. L'expérienc[e]
seule peut faire prononcer à ce sujet.

MANIÈRE DE FABRIQUER LE CUIR DESTINÉ A FAIRE DES OUTRES [A] VIN ET A HUILE.

181. Les peaux destinées à faire des outres se metten[t]
d'abord dans une eau de chaux qui a déjà servi une fois;
on les y laisse jusqu'à ce qu'elles soient parfaitement ramol[-]
lies, et assez communément huit jours suffisent. Ensuite o[n]
les coupe en forme de sacs dont la grandeur est propo[r-]
tionnée à celle des cuirs, et on les met dans un plain ne[uf]
de chaux; on les y laisse à peu près un mois, ou, plutô[t,]
jusqu'à ce qu'elles soient en état d'être dépilées, puis on l[es]
lève, on les travaille de rivière et on les écharne.

182. Après ces préparations préliminaires, on étend l[es]
cuirs sur des perches et on les place au soleil; on les y lais[se]
jusqu'à ce que l'humidité soit totalement disparue, mais e[n]
faisant en sorte cependant qu'ils ne perdent rien de leur
souplesse. Ces cuirs devant rester unis, et la trop grande
ardeur du soleil pouvant les faire revenir trop vite, les des[-]
sécher et les godeler, on a soin, pendant quelques jours,
de les étendre matin et soir seulement sur un terrain uni et

ec ; mais quand ils sont entièrement desséchés, on les met pendant un jour à la plus forte ardeur du soleil, et comme on les étend par terre, il faut ne le faire qu'après que le soleil a pompé toute l'humidité produite par la fraîcheur de la nuit. On renouvelle ce procédé pendant vingt à trente jours, parce qu'on pense que la chaleur du soleil resserre les peaux et les rend plus propres à l'usage auquel elles sont destinées.

183. Après cette dernière opération, on met les cuirs à l'eau pour les amollir et les rendre susceptibles d'être cousus.

Il est pour les peaux dont on doit faire des outres, des précautions qui doivent remonter jusqu'au boucher, car celui-ci, aussitôt qu'elles sont déshabillées, doit les étendre en long sur des perches, et les garantir avec soin de la corruption.

184. L'expérience semble avoir prouvé que toutes les peaux ne sont pas également propres à faire des outres ; on préfère en général celles de vaches qui sont moins spongieuses et moins susceptibles de se dilater que celles de bœufs ; mais même parmi celles de vaches, on donne la préférence aux cuirs venant du Mézin ou des montagnes voisines du Puy.

DES CUIRS FORTS VULGAIREMENT APPELÉS CUIRS ROUGES.

185. Les peaux de bœuf de Buenos-Ayres ou des colonies sont les seules qu'on emploie pour la fabrication des cuirs de cette espèce. On rejette avec soin les peaux de vache.

On commence par faire tremper ces peaux dans de l'eau ordinaire pendant quatre à cinq jours, et on les met ensuite dans un plain mort, en ayant soin de bien les étendre pour qu'elles ne forment pas de plis. Les grandes peaux, avant d'être travaillées, doivent être coupées en deux, de tête en queue. On les gouverne dans ce plain trois ou quatre fois pendant quinze jours, et après ce temps, ou plutôt quand on s'aperçoit que le poil se détache facilement des peaux, on les retire et on les ébourre.

186. Après cette opération, on met les peaux dans un plain neuf, où elles doivent rester de deux à trois mois. Pendant ce temps, on les gouverne deux fois par semaine, et aux cinq derniers gouvernages, on jette un peu de chaux vive dans un plain pour en augmenter la force.

187. Quand les peaux sont en état d'être écharnées, ce qui se connaît par le peu d'adhérence des chairs, on les retire des plains et on leur donne quatre façons de rivière. Ces façons doivent être données d'une manière assez légère pour ne pas enlever la chaux; car c'est d'elle que dépend la raideur qu'on veut donner aux cuirs de ce genre.

Quand les peaux sont ainsi disposées, on les couche en fosse; mais au lieu de tan, on se sert d'écorce de racine de chêne vert pulvérisée, et qu'on a auparavant détrempée avec de l'eau; on suit la même méthode pour les autres fosses, c'est à dire qu'entre chaque couche de cuirs, on met un lit de poudre : on doit placer la chair en haut.

188. Les cuirs doivent rester trois mois dans cette première écorce; ils restent trois autres mois dans une seconde, et sont en cet état remis entre les mains du corroyeur.

Cinquante peaux de trente livres peuvent être tannées avec cinquante-quatre quintaux d'écorce.

Nous avons tiré cet article de l'*Encyclopédie méthodique*, seul auteur dans lequel se trouve cette méthode de préparer les cuirs, et nous ne l'avons inséré dans notre traité que pour éviter le reproche d'avoir commis quelques négligences.

DES DÉCHETS OU RÉSIDUS.

189. On nomme, dans la tannerie, déchets ou résidus, les échancrures et autres parties des peaux qui ne peuvent être d'aucun usage, et qui servent à faire de la colle; la bourre, les cornes, le crin, la tannée et la chaux usée, dans les pays où l'on fait les gros cuirs aux plains.

La colle ou les échancrures se vendent, suivant la qualité, de 16 à 24 francs le cent pesant. On observe que la colle de veau a toujours été regardée comme la meilleure.

M. Delalande, en cela d'accord avec l'*Encyclopédie méthodique*, a prétendu que les échancrures provenant des peaux préparées à la jusée, n'étaient pas propres à faire de la colle, parce qu'elles étaient trop grasses; c'est une erreur, car les tanneurs de Paris, qui ne travaillent les gros cuirs qu'à la jusée, vendent indistinctement les échancrures de ces peaux comme celles des baudriers qui sont travaillés à la chaux.

La bourre ou le poil, quand il est mélangé, se vend de 12 à 15 francs le quintal; mais celui de veau, sans mélange, s'est vendu jusqu'à 18 francs.

M. Delalande, induit en erreur par M. Guimard, a aussi prétendu mal à propos que le poil ou la bourre des peaux préparées à la jusée ne valait rien, car les tanneurs la vendent sans que les acheteurs fassent à cet égard la plus légère observation. On sentira même combien cette opinion est fausse, si l'on veut examiner que le poil des animaux ne se pourrit que très difficilement, même enfoui dans la terre ou dans le fumier.

On vend les cornes, le cent compté, suivant la grosseur et la grandeur, de 25 à 50 francs.

Le crin des émouchets vaut communément de 15 à 20 sous la livre pesée.

Les bouchers de Paris gardent les émouchets et les vendent séparément ; ainsi les tanneurs de ce pays n'ont pas le bénéfice du crin. Il n'en est pas de même dans les départements.

La chaux usée, qui peut servir soit pour des murs de clôture, et même pour des fondements, soit pour engraisser les terres, donne un produit très modique : celle qui a servi pour cinquante cuirs n'est pas vendue plus de 3 francs.

La tannée ou vieille écorce qu'on retire des fosses quand les cuirs sont tannés, se vend ou en mottes, ou telle qu'elle est en sortant des fosses.

On fait à Paris de grosses et de petites mottes ; les grosses se vendent de 8 à 10 francs le millier ; les petites de 4 francs à 4 francs 50 centimes.

La tannée qui n'est pas mise en mottes sert aux jardiniers qui la mettent dans les couches et dans les serres chaudes. Il est reconnu qu'elle conserve la chaleur douce et constante dont on a besoin pour les plantes exotiques de l'Afrique et de l'Amérique méridionale. Les jardiniers l'achètent au tombereau, et la paient de 5 à 6 francs.

M. Gougerot m'a communiqué une expérience qu'il a faite avec succès, et dont les résultats pourraient être très avantageux pour les environs de Paris et des autres grandes villes, où il se trouve dans les voieries différentes substances animales.

Il mit en plein air, et sur un terrain uni, de la chair de cheval mélangée avec de la tannée, c'est à dire que, sur une couche de tannée, il en plaça une de substance animale, et qu'il continua de la même manière jusqu'à ce qu'il eut formé un monceau assez considérable; il le recouvrit exactement dans toutes ses parties avec de la tannée, et il le laissa ainsi exposé à la pluie, à la gelée, et à toutes les autres intempéries de l'air. Il vit d'abord avec étonnement que les substances animales n'exhalaient point l'odeur infecte que produisent ordinairement les chairs corrompues : il en conclut que cet effet était produit par la tannée, qui, quoique privée de la plus grande partie de ses principes actifs, conservait cependant encore assez de vertu pour neutraliser les effets de la putridité des matières animales. Cette première découverte lui parut d'autant plus avantageuse qu'il fit disparaître une partie de ses craintes sur les effets désagréables de son expérience. Enfin, au bout d'un certain temps, jugeant par l'affaissement du monceau que la fermentation était terminée, il s'assura qu'il résultait de cette combinaison une matière propre à engraisser, non seulement les terres labourables, mais encore celles des jardins.

On pourrait donc, par ce moyen, tirer parti, surtout à Paris, des tannées qui sont très abondantes, et de toutes les substances animales qui sont transportées dans les voiries.

On trouve dans le traité de M. Delalande, et dans l'*Encyclopédie méthodique*, un aperçu des frais et du produit des tanneries, que nous regardons comme absolument inutile, parce qu'il est impossible qu'il puisse servir de base aux fabricants de Paris, et à plus forte raison à ceux des départements. Pour être de notre avis, il ne faut que considérer les variations continuelles et journalières qu'éprouve le prix non seulement de la manutention, mais encore des cuirs et de tous les objets nécessaires à leur fabrication. Cette variation est telle qu'on ne trouverait pas en France deux provinces, et même deux villes de la même province, où les frais et les produits des tanneries fussent les mêmes. Nous croyons donc pouvoir nous dispenser d'entrer dans des détails superflus, et qui ne présentent aucun avantage.

DU TRAVAIL DES MOTTES.

On brûle de la tannée en poudre, mais plus communément on la réduit en mottes. Les mottes se font dans un moule de figure cylindrique de cinq à six pouces de diamètre sur deux ou trois pouces de hauteur. Ce moule est en fer ou en cuivre; il a ordinairement deux anses par lesquelles on le prend pour faire tomber les mottes quand elles sont achevées. L'ouvrier place le moule sur une planche ou sur une pierre unie, et il le remplit de tannée qu'il foule avec ses mains ou avec ses pieds jusqu'à ce qu'elle ait pris de la consistance et qu'elle soit devenue ferme; on met ensuite ces mottes dans le séchoir où elles restent jusqu'à ce qu'elles soient dégagées, au moins en grande partie, de leur humidité. On donne différents noms à ce séchoir; on l'appelle indistinctement le *percher*, la *loge à mottes* et les *étentes*. Il est communément composé de planches légères, ou plutôt de perches qui sont soutenues par de petits montants. (Voyez pour le moule, planche IV, et pour le séchoir, planche IV.)

Les ouvriers en province font difficilement deux milliers de mottes par jour, mais elles sont, en général, et plus grosses et plus frappées qu'à Paris, où l'on en fait jusqu'à quatre milliers.

La tannée est si abondante à Paris que les fabricants sont parfois obligés d'en donner une partie, ou de la vendre à si il prix qu'on peut dire qu'ils ne trouvent en cela qu'un très léger dédommagement. Le calcul qu'avait fait, à ce sujet, M. Delalande, et d'après lequel il prétendait que la tannée rendait la dix-septième partie du prix de l'écorce, est tellement faux qu'elle ne rend pas même deux pour cent net du prix principal; et c'est encore là ce qui confirme l'opinion que nous avons émise plus haut sur l'inutilité d'un aperçu des dépenses et des produits de la tannerie.

Il nous reste à donner sur l'*Art du tanneur* des détails et des instructions très importantes; elles feront l'objet de la troisième section.

FIN DE L'ART DU TANNEUR.

L'ART

DU

CORROYEUR.

DEUXIÈME SECTION.

L'ART DU CORROYEUR.

————

M. Delalande, célèbre astronome, membre de l'académie, est le seul qui ait écrit sur l'*Art du corroyeur*; mais
on traité imprimé pour la première fois en 1767, et réim-
primé en 1790, dans l'*Encyclopédie méthodique*, peut être
regardé maintenant comme tombé en désuétude, d'abord à
cause des nombreux changements survenus dans les procédés employés pour la corroierie, et ensuite à cause des
formes nouvelles données aux cuirs à œuvre, formes néces-
sitées par des inventions, des mécaniques, et des objets
d'art qui étaient inconnus en 1790. On peut donc dire qu'il
n'existe plus aucun ouvrage que puissent consulter les maî-
tres ou les ouvriers, aucun guide qui puisse les diriger dans
leurs opérations respectives. Nous avons, d'après cela, cru
rendre un véritable service tant à ceux qui exercent la profession de corroyeur qu'à ceux qui s'y destinent, en pu-
bliant le présent traité, fait sur des notes fournies par les
meilleurs artistes de la capitale. Non seulement nous y
avons réuni les nouvelles et les anciennes méthodes, mais
nous l'avons encore augmenté de tous les procédés usités
de nos jours pour la préparation des cuirs à cylindre, à bretelles, des veaux cirés, des veaux grainés, des peaux pour
les cardes, etc., etc, cuirs qu'on ne connaissait pas avant

le commencement du dix-neuvième siècle. Nous nous sommes appliqués, dans notre ouvrage, à ne rien omettre de ce qui peut être utile tant à l'ouvrier qu'au maître; ainsi les uns et les autres pourront y puiser toutes les connaissances nécessaires, soit pour la théorie, soit pour la pratique de leur art.

1. Nous avons dit, dans notre introduction, que corroyer un cuir c'était lui donner, après qu'il était tanné, de la force, de la souplesse, de l'éclat, le rendre propre à l'usage auquel il était destiné, et lui ajouter la qualité qui était convenable.

Quelques personnes ont pensé que le mot corroyeur venait du verbe latin *corrugare*, qui signifie rider; mais il est bien plus naturel de croire qu'il vient de *coriarius*, ouvrier en cuir. Il est vrai que les corroyeurs ne sont pas les seuls qui travaillent le cuir, et que par conséquent cette étymologie peut paraître un peu trop générale : nous dirons alors que l'usage, en ce cas, est le seul maître qu'on doive suivre, et que les ouvriers qui travaillent le cuir quand il est tanné, et qui le façonnent suivant les différents usages auxquels il est destiné, sont les seuls qu'on nomme *corroyeurs*.

2. C'est par les corroyeurs que sont apprêtés les cuirs dont se servent les cordonniers, les bottiers, les selliers, les carrossiers, les bourreliers, pour certaine partie de leur état seulement, les coffretiers, les gaîniers, les relieurs, etc. Notre traité est donc relatif à la préparation de toutes ces espèces de cuirs.

Les peaux de petits bœufs, celles de vaches, de veaux, de moutons et de chèvres, étaient à peu près les seules que travaillaient autrefois les corroyeurs; ils laissaient aux hongroyeurs les cuirs de chevaux et de mulets qui étaient mis en alun et passés au suif, et formaient ce qu'on appelle cuir

Allemagne ; maintenant on corroie beaucoup de peaux de chevaux et de mulets, on s'en sert pour faire des tiges de bottes, des empeignes de souliers, et ces cuirs remplacent pour la chaussure des hommes la chèvre et le veau.

3. Suivant quelques fabricants que j'ai consultés, il est des endroits où l'on travaille les cuirs forts avec la pommelle et l'étire ; ce procédé, qui ne peut être mis en usage que quand les cuirs sont mouillés, les raffermit et les rend beaucoup plus beaux, au moins à ce qu'on prétend. Cependant comme ce travail est très pénible, nous l'indiquons, mais nous ne le conseillons pas ; d'autant mieux qu'on peut absolument produire le même effet en battant les cuirs sur le marbre avec le marteau, comme nous l'avons dit à l'*Art du tanneur*.

4. On m'a également assuré que dans différents pays les corroyeurs mettaient les cuirs forts en suif, et que, par ce moyen, ils les rendaient imperméables à l'eau. La seule objection que je puisse faire contre ce procédé, qui d'ailleurs peut être avantageux, est la longueur et la difficulté du travail.

5. Sous le nom de vaches, les corroyeurs comprenaient autrefois non seulement les peaux de vaches, mais encore celles de bœufs qui étaient trop petites et trop faibles pour être converties en cuirs forts ; maintenant le baudrier de bœuf se nomme bœuf à œuvre ou bœuf étiré, et par le mot vaches on entend seulement le cuir de vache corroyé ou le baudrier.

Tous les fabricants conviennent que les peaux de vaches sont plus fermes et plus serrées que celles des jeunes bœufs, et qu'elles sont préférables pour être mises à œuvre. Il en est autrement pour le cuir fort, car en ce genre les peaux de

bœufs sont toujours regardées comme les premières et l
meilleures.

6. Nous allons commencer par parler des opérations gé
nérales du corroyeur, et nous donnerons ensuite la manièr
de préparer chaque peau en particulier. Nous tâcherons d
n'omettre aucune de celles qui sont en usage maintenant.

Les corroyeurs préparent de différentes manières l
peaux de vaches et de bœufs, et de là viennent les différen
noms qu'ils donnent aux cuirs corroyés. Aussi on distingu
chez eux les cuirs étirés, les vaches en huile, les cuirs e
suif, les cuirs en cire, les cuirs façon d'Angleterre, les cui
de Russie, etc., etc.

Nous observerons qu'on fait maintenant peu de cuirs d
Russie, et que ces cuirs, destinés particulièrement pour dou
bler les voitures, sont remplacés par le maroquin. On fai
aussi peu de cuirs en cire.

7. Comme nous l'avons dit dans l'*Art du tanneur*, o
appelle vaches en croûte celles qui passent chez le corroyeu
après avoir été tannées. Avant de les travailler le corroyeu
les échantillonne, c'est à dire qu'il coupe la queue, les châ
taignes ou le front, et les brognes ou mamelles, parce qu
toutes ces parties seraient absolument inutiles, et qu'elle
absorberaient du suif en pure perte. M. Delalande prétend
qu'elles sont dures et racornies, mais c'est une erreur; ce
déchets, ainsi que les onglets qu'on coupe vers les pates d
derrière aux endroits qui feraient des faux plis, ce qu'o
nomme *goder*, ne sont pas perdues, car les cordonniers s'en
servent pour faire les premières semelles, des *chiquets*, ou
épaisseurs de talons, des patrons ou doublures aux pointes
de souliers, des cambrures, etc.

PREMIÈRE OPÉRATION DU CORROYEUR.

DÉFONCER LES CUIRS.

8. Pour travailler les cuirs, le corroyeur doit commencer par les ramollir : cette préparation, qui se fait au moyen de l'eau, est commune à toutes les peaux. Autrefois on les défonçait toutes avec le talon ou la bigorne; on exceptait seulement les cuirs étirés; mais de nos jours les cuirs jaunes et les cuirs noirs sont les seuls qu'on soumette à ce travail.

Les corroyeurs avaient autrefois l'habitude d'arroser avec un balai trempé dans de l'eau nette, les peaux qu'ils recevaient du tanneur, dures et sèches, et ils répétaient cette opération jusqu'à ce que ces peaux fussent suffisamment humectées. Aujourd'hui qu'on ne donne pas tant de plain aux peaux et qu'elles sont beaucoup plus serrées, elles ont besoin d'être plus humectées; et, pour cet effet, on les met dans un baquet, et on les y laisse jusqu'à ce qu'elles aient pris assez d'eau pour être convenablement humectées.

Dans les pays où les cuirs restent encore long-temps dans les plains, et que par là même ils sont presque tous creux, on doit distinguer les peaux fermes et les peaux creuses, d'autant que les premières ont besoin d'être plus humectées que les autres. On sent également que les endroits les plus secs doivent aussi être plus mouillés; mais dans les fabriques où, suivant les nouveaux procédés, on ne laisse les

I. 6

peaux dans les plains que pendant douze ou quinze jours, les cuirs sont les mêmes partout; rarement on en trouve qui soient creux.

9. Quand les cuirs sont suffisamment humectés, l'ouvrier les foule aux pieds jusqu'à ce que l'eau ait pénétré d'une manière égale dans toutes les parties, et qu'étant devenus maniables, ils peuvent être travaillés.

Pour fouler les cuirs, on les met à terre ou sur une claie. Il est aisé de voir qu'en les mettant sur une claie, le travail se fait avec beaucoup plus de soin et de propreté.

Voici la description de la claie d'après M. Delalande; elle est composée de six pièces de bois de trois pouces environ d'équarrissage; les plus longues ont cinq pieds, les traverses en ont trois; elles sont assemblées à tenons et à mortaises sur les deux grandes pièces, carrément et à distances égales. Les quatre traverses sont entrelacées de grosses verges de bois souple qui couvrent tout le châssis. Cet entrelas de verges est fort grossier et à claires voies; d'ailleurs cette claie ressemble à celles dont les maçons se servent pour passer le sable.

10. L'ouvrier qui foule les peaux a aux pieds de gros souliers qu'on nomme *escarpins de boutique*; ces souliers, faits avec trois semelles de bon cuir, ont des renforts autour de l'empeigne. Pour défoncer les peaux quand elles sont sur la claie, l'ouvrier les fait plier et replier en tous sens à coups de talon, et continue ce travail jusqu'à ce qu'elles soient convenablement ramollies. Ce travail est ordinairement celui des apprentis à qui on ne craint pas de livrer un cuir qu'ils ne peuvent gâter. Pour tourner le cuir, l'ouvrier le tient assujetti sous le pied gauche, tandis qu'il chasse fortement en arrière avec son talon droit.

11. On ne bigornait autrefois que les vaches destinées

être mises en noir ; mais il est reconnu qu'on doit employer ce procédé pour toutes les peaux qui doivent être mises en suif, et qu'il est également nécessaire de les fouler aux pieds, surtout quand elles sont dures. La bigorne est une masse de bois de cinq pouces d'équarrissage et de quatre pouces et demi de hauteur ; elle a quatre petits pieds de dix-huit lignes de long, et c'est avec ce côté qu'on frappe le cuir ; son manche est long de deux pieds et demi.

On peut quelquefois abuser de la bigorne en s'en servant pour soulager ses pieds, et alors la peau peut être mal défoncée ; ce motif a déterminé plusieurs corroyeurs à proscrire la bigorne de leurs ateliers.

12. Quand les peaux sont défoncées, on les travaille sur le chevalet, et ce travail est conforme à l'usage auquel ces peaux sont destinées. Il y avait autrefois, chez les corroyeurs, trois sortes de couteaux : le premier se nommait butoir sourd ; le second butoir tranchant, et le troisième couteau à revers ; on se servait et on se sert encore d'un autre instrument qu'on appelle la lunette, parce qu'il est fait en rond, ouvert au milieu et coupant tout autour. Maintenant le couteau à revers est le seul qui soit en usage dans presque tous les ateliers.

Comme on se sert encore dans quelques provinces des trois espèces de couteaux dont nous venons de parler, peut-être n'est-il pas inutile d'en donner la description.

Le butoir sourd est un couteau à deux manches, large de trois doigts, droit et ne coupant point ; il sert à buter, c'est à dire à nettoyer les endroits faibles d'une peau. Avec ce couteau on enlève seulement *les boutures*, c'est à dire les parties filamenteuses et chargées de tan qui ne tiennent à la peau que d'une manière très légère. En se servant, pour les peaux de cette espèce, du butoir tranchant ou du couteau à revers, on pourrait, quelque précaution qu'on prît, les trop affaiblir.

Suivant le nouveau procédé, on a remplacé le butoir sourd par l'étire, et l'opération au lieu du chevalet se fait sur la table.

Le butoir tranchant est ordinairement fait d'une lame de vieux sabre ; on s'en sert pour écharner les peaux dont on ne veut enlever que peu de chair, et pour les rendre propres. On prétendait autrefois que les écharnures qu'il enlève étaient beaucoup plus minces que les drayures enlevées par le couteau à revers : cependant il est constant que tous les corroyeurs de Paris ont entièrement abandonné ce butoir, et qu'ils ne se servent que du couteau à revers qu'ils trouvent et plus commode et plus convenable pour ce genre de manipulation.

Le couteau à revers, dont la lame avait autrefois quinze ou seize pouces de longueur sur cinq à six pouces de largeur, mais qu'on a réduit maintenant à dix ou onze pouces tout au plus, a le fil très rabattu ; on s'en sert en le promenant sur la peau, tenant la lame droite perpendiculaire ; le fil, par ce moyen, se trouve en bas, et c'est par lui seul que sont enlevées les drayures. (On nomme ainsi des lames ou couches légères de la peau.) Quand on veut baisser la peau, ou que, destinée à l'usage des selliers, on veut la rendre fort mince, on enlève jusqu'à deux et même trois lames. Ordinairement on fait ensorte que l'épaisseur de toute la peau soit égale à celle du collet ; cependant en cela il n'est pas de règle positive. L'usage auquel la peau est destinée est ce qui dirige en pareil cas. Le corroyeur peut donc la réduire au degré d'épaisseur qui lui convient.

Le couteau à revers a une de ses poignées placée en croix ou perpendiculairement à la lame, parce qu'au moyen de cette poignée ainsi placée il est plus facile de conduire l'instrument droit sur la peau. Pour rabattre le fil du couteau à revers, on se sert d'un fusil d'acier ; et, pour qu'on puisse se servir des deux tranchants, on rabat l'un en dessus et l'autre en dessous. Il est important que ce couteau soit de bonne qualité, et c'est pour cette raison qu'il se vend toujours fort cher.

13. La seconde opération du corroyeur, qui se nomme drayer, et qui se fait en enlevant du côté de la chair, toute la superficie de la peau, s'exécute avec le couteau à revers. On draye les vaches qui doivent être mises en suif et en huile, parce que c'est le seul moyen de les rendre plus minces et d'une égale épaisseur. Souvent il se trouve dans les peaux des endroits faibles dont il faut bien se garder de rien ôter ; alors on se contente de les nettoyer avec force, ce qu'on nomme *buter*.

14. Le chevalet dont on se sert pour drayer et déborder, a ordinairement quatre pieds de long ; la planche supérieure doit n'avoir pas plus de sept pouces de large. Autrefois on voulait qu'elle fût convexe, et on conserve encore cet usage dans quelques fabriques ; cependant il est reconnu qu'elle doit être plate, et on la trouve telle chez tous les corroyeurs de Paris. On voulait encore que cette planche fût assez mince pour faire ressort ; mais l'expérience a démontré qu'elle devait être ferme : c'est encore l'usage de Paris. Lorsque le chevalet est trop léger, pour lui donner plus de solidité, on le charge d'une grosse pierre.

On ne peut tirer aucun parti des boutures, des écharnures et des drayures ; on les brûle quand on s'en est servi pour essuyer le cuir noir, seul usage auquel elles soient propres.

On bute à Paris presque toujours sur une table, avec

l'étire, et alors le chevalet devient absolument inutile. Dans tous les cas, le travail de celui qui bute ne diffère presqu'en rien, quant à l'attitude de l'ouvrier, du travail de celui qui écharne ou déborde.

On doit buter non seulement les veaux, les moutons et les chèvres, mais aussi les croupons qu'on veut mettre en huile, et les extrémités des vaches en huile dont on ne veut pas diminuer l'épaisseur.

Dans certaines fabriques on draye les vaches noires, les vaches d'Angleterre et les vaches rouges seulement; mais dans d'autres on draye indistinctement tous les cuirs. Cette dernière méthode et presque généralement adoptée à Paris. La seule différence qu'il y ait c'est que, pour déborder, on se sert du chevalet français, tandis que pour les autres opérations on se sert du chevalet anglais.

On se sert encore du chevalet pour déborder les peaux qui doivent être parées à la lunette.

15. On était autrefois dans l'usage de dégorger avec le couteau à revers, c'est à dire de baisser les têtes des veaux et des moutons qu'on voulait mettre en suif ou en rouge; on les butait ensuite avec le butoir sourd, puis on se servait de la pierre ponce, prétendant qu'elle enlevait la fine chair sans altérer la peau : maintenant on ne se sert plus pour toutes ces opérations que du couteau à revers.

DEUXIÈME OPÉRATION.

TIRER A LA POMMELLE.

16. Toutes les peaux, sans exception, qui se confectionnent chez les corroyeurs, doivent être soumises au travail général qu'on appelait autrefois tirer à la pommelle.

On nomme pommelle, ou paumelle, un outil fait de
cormier ou de cornouiller, de sauvageon de pommier ou de
poirier, ou de poirier ordinaire, ou enfin de tout autre
bois dur. Cet outil, dont la forme est un carré long, a environ un pied de longueur sur cinq pouces de largeur. On
en distingue de deux espèces, les grosses et les fines. Les
dernières n'ont qu'un pouce d'épaisseur au milieu, tandis
que les premières sont épaisses de deux pouces au milieu,
et d'un pouce aux extrémités. La pommelle est plate et unie
par-dessus; mais par-dessous elle est arquée et bombée,
ce qui fait que les deux bouts sont plus minces que le milieu. Par-dessous elle est sillonnée sur sa largeur, c'est à
dire couverte de cannelures droites et parallèles, ou de sillons creux dont les entre-deux sont aigus comme des triangles isocèles, à peu près comme cet outil que les sculpteurs
et les arquebusiers nomment des écouanes. Dans les grosses
pommelles, ces sillons ont une ou deux lignes de profondeur et trois lignes de largeur. La partie supérieure de la
pommelle est garnie d'une petite bande de cuir attachée
vers le milieu, des deux côtés, avec des clous, et qui tra-

verse la largeur de la pommelle. L'ouvrier passe sa main entre le cuir et le bois, et étend le plat de sa main sur la pommelle pour la passer fortement sur la peau, la corroyer, la froncer, la rebrousser, et y former le grain. Nous observerons en passant, que les vaches noires sont les seules à qui l'on donne maintenant du grain.

La pommelle, suivant M. Delalande, est ainsi appelée, parce qu'elle garnit la paume de la main, et qu'elle en fait les fonctions.

Chez tous les corroyeurs de Paris, et à peu près chez tous ceux des départements, la pommelle a été remplacée par la marguerite, au moins pour la plus grande partie des opérations; ou par le liége, suivant l'usage auquel les cuirs sont destinés.

17. La marguerite est une espèce de pommelle, mais beaucoup plus grande que celle dont nous venons de donner la description; car elle a de quinze à dix-huit pouces de longueur : sur quatre pouces et demi de largeur; son épaisseur est au milieu de quatre à cinq pouces, et de deux à trois sur les bouts. Elle est faite de même que les autres; cependant, il y a dessus, pour tenir le bras de l'ouvrier, d'un bout, une mécanique en cuir, et un coussinet par-dessous pour supporter le coude du corroyeur, et de l'autre bout un manche en bois qui sert à retenir et à diriger l'outil.

18. On avait autrefois des pommelles de différentes grandeurs et dont les sillons étaient proportionnés à la qualité des peaux. On se servait aussi de pommelles de liége, qui, ne marquant pas des dents comme celles de bois, étaient préférables pour adoucir la peau, relever le grain et coucher la chair. Pour corroyer la vache étirée et le cuir lissé, opération extrêmement dure et pénible, on se servait de

pommelles les plus fortes de pas ; les plus grosses de ce genre avaient environ quarante dents sur la longueur d'un pied , tandis qu'on en comptait jusqu'à cent sur celles avec lesquelles on finissait les peaux de chèvre. Les pommelles étant faites de bois dur servaient assez long-temps ; on avait d'ailleurs l'avantage de pouvoir les faire retailler quand elles étaient usées.

· 19. Maintenant toutes ces opérations se font avec une marguerite qui est plus ou moins grosse , suivant la nature des cuirs qui doivent être travaillés.

Ceux qui corrompent encore à la pommelle , étendent la peau sur table , à double , fleur contre fleur ; ils avancent la pommelle sur la chair , et la retirent fortement en ramenant le quartier de la peau qui frotte inégalement sur le milieu de la peau. Ils continuent de la même manière et successivement sur les trois autres coins de la peau , et c'est là ce qu'on appelle corrompre des quatre quartiers. C'est par le moyen de ce frottement inégal qu'on donne au cuir de la souplesse et du grain.

20. On appelle *rebrousser*, passer la pommelle sur la fleur ; par cette opération, on abat le grain et on rend la peau plus douce. M. Delalande prétend qu'on la rend aussi plus lisse et plus égale ; mais c'est une erreur qui devient palpable si l'on examine seulement la nature de l'opération. Quand on passe la pommelle sur la chair , ce qui s'appelle corrompre , crépir , redresser, on fait revenir le grain ; car alors , comme le dit M. Delalande, la fleur étant ridée , dans les plis que l'on fait au cuir, la pommelle presse ces rides de manière qu'elles engrennent dans les dents de la pommelle et que par là même elles sont plus formées et deviennent par conséquent plus durables. Les vaches qu'on veut mettre en noir , se crépissent de cul en tête et de travers : les veaux

se rebroussent de cul en tête et se crépissent seulement de travers. Chez la plupart des corroyeurs , on mouille les vaches noires et les peaux de chèvres avant de les mettre en noir, et c'est après cette opération seulement qu'on les corrompt des quatre quartiers. Cette méthode a l'avantage d'abréger le travail.

21. Comme nous le dirons plus tard, les vaches en suif doivent être crépies par le travers avec la pommelle, ou plutôt avec la marguerite, et pour cet effet, on étend la peau sur table en travers, ayant en face la tête, de manière que la culée et la plus grande partie de la peau pendent devant l'ouvrier. Celui-ci replie la partie pendante sur celle qui est sur la table, et appuyant fortement sur ce pli, il ramène la peau vers lui avec la pommelle. C'est là ce qu'on appelle *crépir par le travers* de queue en tête, et c'est là ce qui forme le grain. Quand les peaux ont été crépies par le travers, on les passe par les quartiers, et alors on croise et on arrondit le grain qui, sans cela , serait toujours disposé sous des lignes droites.

Comme en général on ne donne plus de grain aux cuirs, nous n'avons parlé de ce procédé que pour ceux qui tiendraient encore aux anciens usages.

MANIÈRE D'ÉTIRER LES CUIRS.

22. On donne différents noms à cette opération qui est encore indispensable pour tous les cuirs qui doivent être corroyés. On l'appelle parfois *étendre*, *retenir*, *abattre*. L'étire dont on se sert aujourd'hui, est une plaque de fer ou de cuivre de l'épaisseur, tout au plus, d'une ligne , de cinq à six pouces de longueur, sur trois pouces et demi de hauteur, y compris la partie qui entre dans le manche ; elle se

ermine par un tranchant très carré. Le manche a deux
pouces et demi de hauteur, sur neuf et demi de longueur. Les anciennes étires étaient un peu différentes :
la plaque également de fer ou de cuivre, avait trois à
quatre lignes d'épaisseur dans le haut, c'est à dire dans la
partie qui tenait lieu de manche , et finissait par une espèce
de tranchant mousse.

On s'est encore servi d'une autre étire dont la forme vers
le tranchant, représentait une demi-lune. Il y avait encore
d'autres étires de différentes grandeurs par le bas ; toutes en
général se terminaient par une forme arquée, et étaient plus
larges au tranchant qu'au manche.

23. Les étires de fer coûtaient de quarante à cinquante
sous , et celles de cuivre, de huit à neuf francs. Aujour-
d'hui les premières valent de trente à trente-cinq sous , et
les autres de cinquante à cinquante-cinq sous. Comme l'é-
tire de fer noircit souvent les peaux , surtout quand on
manque d'y porter toute son attention , pour éviter cet inconvénient, on se sert d'étires de cuivre pour les vaches
étirées, pour les vaches rouges, les peaux façon d'Angleterre, et généralement pour toutes celles dont on craint de
noircir la fleur. La plupart des corroyeurs ont observé que
l'étire en cuivre avait l'inconvénient de s'user de manière à
avoir besoin d'être continuellement repassée , ce qui fait
qu'on se sert maintenant plus généralement de l'étire en fer ,
qui, étant plus dure, résiste davantage. On a même des
étires en acier pour buter la vache étirée. L'ouvrier qui étire
tient son étire presque à plomb sur le cuir ; des deux mains
il râtisse avec force les endroits trop épais , ceux où il est
resté de la chair ou du tan, et ceux où il y a des creux ou
des enfoncements ; il rejette les parties les plus épaisses du
côté de celles qui sont plus minces. La peau, par cette opé-

ration, devient plus douce, plus égale et plus compacte. Comme les anciennes étires n'avaient pas de manche, pour qu'elles ne blessassent pas les mains des ouvriers, on les bordait avec une manique ou bande de cuir qui garnissait toutes les parties que les mains devaient toucher; mais, d'après la nouvelle forme des étires, cette précaution devient inutile. M. Delalande a été induit en erreur sur ce travail; il ne faut que le raisonnement le plus simple pour voir que la peau ne se maniant pas comme de la pâte, on ne peut prendre ce qu'il y a de trop sur une partie pour la porter sur une autre qui est plus faible; on peut seulement rapprocher les parties faibles sur elles-mêmes, ce qu'on appelle les rentrer, et par ce moyen on donne au cuir plus de mine et plus de main.

24. Autrefois on étirait seulement les vaches et les veaux en suif, les moutons, les vaches noires et rouges, et les vaches étirées, et on se contentait de buter les autres; mais d'après les nouveaux procédés, toutes les peaux en général sont travaillées à l'étire. Ce travail sert à étendre la peau et à abattre le grain.

PARER A LA LUNETTE.

25. Suivant la description qu'en donne M. Delalande, la lunette est un couteau circulaire qui est tranchant tout autour. Il a dix ou douze pouces de diamètre, et une ouverture ronde de quatre à cinq pouces de diamètre dans le milieu, pour passer les mains. La lunette n'est pas une simple plaque, c'est à dire qu'elle n'est pas formée d'un seul plan; mais elle est concave ainsi qu'une sébille ou une calotte : c'est le dos ou la partie convexe qu'on appuie sur la peau; son tranchant n'est pas parfaitement affilé, mais le fil doit

tre un peu rabattu du côté de l'ouvrier, ou du côté opposé à la peau ; on rabat ainsi le fil avec le fusil, pour que le tranchant n'entre pas trop dans la peau. C'est là ce qu'on nomme parer à la lunette, et ce travail est aussi particulier au corroyeur.

26. Déborder une peau, c'est enlever sur ses bords, avec le couteau à revers, ce qui doit être enlevé sur le milieu avec la lunette. Toute peau, avant d'être parée, doit être débordée. Pour déborder, on étend la peau sur le chevalet, et on enlève de ses bords, une couche de deux pouces de large sur l'épaiseur : on se sert pour cette opération du couteau à revers.

On se sert peu maintenant de la lunette, parce que les couteaux à revers sont faits de manière qu'on peut, avec eux, parer une peau aussi bien qu'avec la lunette ; l'expérience a même prouvé que le couteau à revers affranchit beaucoup moins le cuir.

27. Quand l'ouvrier veut parer une peau, il l'étend sur un bâton soutenu horizontalement à cinq pieds de terre : ce bâton se nomme le paroir. En dessus, et tout le long de ce paroir, est tendue une grosse corde ; l'ouvrier ramène cette corde en avant du paroir et plie dessus, le bord de la peau dans toute sa largeur ; il a soin de mettre la fleur en dedans, faisant ensuite passer la peau sous le paroir ; il la ramène par-dessus la corde et par-dessus la traverse en lui faisant faire le tour du paroir : la peau serre ainsi la corde contre la traverse du paroir, et le bout de la peau est pris entre l'une et l'autre, ce qui fait qu'elle est tenue avec beaucoup plus de force, à mesure que l'ouvrier, en appuyant la lunette, la tire davantage.

28. L'ouvrier après avoir ainsi tendu sa peau sur le paroir, saisit la partie inférieure avec une pince qui est atta-

chée à sa ceinture, puis prenant sa lunette des deux mains, il en appuie la partie convexe sur la peau, et la ramenant du haut en bas, il en enlève la partie charnue et grossière. Cette opération qui, comme nous l'avons dit, se nomme *parer*, est une des plus difficiles et des plus délicates pour les corroyeurs. Assez communément on pare du cul en tête, cependant il est des ouvriers qui parent de travers; la dernière méthode ne paraît pas offrir plus d'inconvénients que la première.

29. Un ouvrier pare une vache dans l'espace d'une heure, et peut parer dans sa journée six à huit douzaines de chèvres. Cette opération se faisait autrefois à la lunette pour les vaches, les veaux, les chèvres et les moutons, et en général pour toutes les peaux en huile; mais aujourd'hui, à l'exception de la chèvre, toutes les autres peaux se parent avec le couteau à revers.

Comme il pourrait se faire que la lunette entrât trop brusquement et trop vivement dans la peau, et que, par conséquent, elle ne la gâtât, l'ouvrier a soin de repasser de temps en temps cet instrument sur une pierre à l'huile et d'en rabattre le fil avec une lame de couteau.

30. Avant de parler des opérations particulières du corroyeur, nous observerons qu'il est différentes méthodes de travailler les vaches. Dans certaines fabriques on les laisse en entier, dans d'autres, on les coupe en deux bandes, il en est même où l'on coupe la pointe et les ventres : par ce moyen la peau est plus carrée, et alors on forme ce qu'on appelle des croupons. Ces croupons sont la partie la plus forte du cuir; les autres parties telles que la dépouille, c'est à dire la pointe ou tête, et les ventres, sont les parties les plus faibles; aussi ne sont-elles employées par les cordonniers que pour faire les premières semelles; la culée

qui est à peu près ce qu'il y a de plus fort dans le cuir, reste sur le croupon. On fait des croupons étirés, des croupons rassés, des croupons bordés en suif et à grains.

En donnant le détail des différentes espèces de préparations qui appartiennent à la corroierie, nous commencerons par les plus simples et nous passerons ainsi successivement aux plus difficiles et aux plus compliquées.

PRÉPARATION DES CUIRS ÉTIRÉS.

31. M. Delalande, en parlant des cuirs étirés, a dit, que c'étaient de petits veaux ou des vaches tannées, corroyées avec la pommelle et durcies avec l'étire, propres à faire des semelles minces; il est probable que cet écrivain respectable avait été induit en erreur, car on ne fait aucun cuir étiré avec les petits veaux. La vache et le petit bœuf tannés à œuvre sont les seules peaux susceptibles de recevoir cette préparation : au reste rien n'est plus simple que cette opération. Les cuirs de cette nature n'ont besoin ni d'huile ni de suif, il suffit qu'ils soient fermes et bien lisses. Nous avons dit, dans l'*Art du Tanneur*, qu'on nommait généralement *cuir à œuvre* tous ceux qui devaient être corroyés.

32. Tous les fabricants ne suivent pas la même méthode, surtout dans les départements. Il en est qui préparent le *baudrier* ou le *cuir à œuvre* au sippage. (Dans l'*Art du Tanneur*, nous avons donné la manière de tanner les cuirs au sippage.) Ceux qui suivent cette méthode, après avoir sippé et séché les cuirs, les mouillent, les écharnent sur le chevalet, les mouillent une seconde fois, les étirent de nouveau, et quand ils sont entièrement secs, ils les passent à la lisse de verre pour en abattre le grain.

La vache étirée se prépare d'une manière toute différente
à Paris.

33. Autrefois, pour étirer une vache ou un bœuf en
croûte, on ôtait la châtaigne, c'est à dire la tête, parce
qu'on la regardait comme trop épaisse ; mais maintenant
on ne l'ôte plus, parce que les cuirs de cette espèce se ven-
dant à la livre, il en résulterait pour le corroyeur une perte
considérable.

On coupe toujours le cuir en deux pour travailler séparément chaque moitié ou chaque bande. Autrefois on la mettait dans un baquet pour la mouiller un peu, puis on la retirait tout de suite pour la travailler en humeur ; mais
aujourd'hui, quand la peau est mouillée, on la laisse boire
son eau pendant quelques heures, et on l'y laisse même,
autant qu'il est possible, du soir au matin.

34. Quand la peau était suffisamment humectée, on
commençait par la rebrousser à la pommelle, pour l'unir,
en faire disparaître les fosses, l'abattre, l'ouvrir et la préparer au travail de l'étire. Pour rebrousser, on étendait
le cuir qu'on voulait étirer sur une table de bois dur et
uni, et en même temps grande et forte, on mettait fleur
sur table, on arrêtait le cuir avec un valet, on passait la
pommelle sur la fleur de queue en tête et de travers, pendant environ trois quarts d'heure : on l'écharnait sur le chevalet, après quoi on le rebroussait une seconde fois, de
queue en tête et de travers, avec plus de force que la première fois, parce que la chair étant ôtée, la peau cède
mieux à la pommelle ; on la mouillait sur chair avec un
gipon trempé dans l'eau, pour qu'elle se collât mieux sur
la table et que les chairs fussent bien couchées ; on l'é-
tendait sur table, on l'étirait du côté de la fleur avec
force et des deux mains, afin de la rendre plus unie ; et

pour qu'elle fût plus égale pa tout, on avait soin de re-
jeter sur les endroits les plus minces les parties les plus
épaisses. Nous avons parlé de cette erreur, n° 25. L'ouvrier commençait cette opération, qui durait environ une
demi-heure, vers le milieu ; il poussait l'étire vers la queue,
ensuite vers la tête, et quelquefois aussi obliquement et en
travers. On avait soin de ne point trop mouiller la peau
avant de la mettre au vent, parce qu'on regardait comme
certain que c'était le moyen d'évider la peau et de la rendre
molle, lorsqu'au contraire elle devait être ferme.

35. Maintenant, quand un cuir est suffisamment humecté, on le butte de queue en tête sur la table avec l'é-
tire, ou bien on l'écharne légèrement sur le chevalet, ensuite on le corrompt et on le rebrousse avec la marguerite,
de queue en tête et de travers, puis on le met au vent.

36. On appelle corrompre une peau, la travailler sur la
table, la fleur en l'air et la chair touchant la table. Ce travail se fait pour couper les fosses et les plis qui sont restés
au cuir après le tannage.

Certains corroyeurs blâment la méthode de corrompre les
cuirs, et prétendent que ce travail les affranchit trop ; mais
c'est une erreur démontrée par l'expérience, ainsi que me
l'ont assuré plusieurs fabricants du premier mérite.

37. Après que le cuir a été mis au vent, on l'étend pour
le faire sécher, on le retient quand il n'a presque plus d'eau,
c'est à dire on le passe encore à l'étire, toujours sur fleur,
après l'avoir un peu mouillé sur cette même fleur, avec un
gipon trempé dans l'eau. On a soin de mouiller les parties
qui se trouvent trop sèches : en retenant un cuir on doit
mouiller surtout les bordages qui sont les premiers secs,
parce qu'ils ont moins de force que le cœur. On passe le
gipon un peu humide sur les peaux, quand elles sont rete-

nues, et on essuie la fleur avec grand soin, afin que l'ouvrage soit propre, ce à quoi les cordonniers tiennent beaucoup. Après que les cuirs ont été retenus, on les met encore à l'air, pour les faire sécher; en été sept à huit heures suffisent; en hiver il faut beaucoup plus de temps; ensuite on met les cuirs en presse pendant trois heures, puis on les étend de nouveau; et quand ils sont presque secs, on examine s'ils se courbent encore, et l'opération se termine en les mettant en presse.

58. La vache étirée ne se met point en noir; ainsi elle conserve la couleur fauve qui est la couleur naturelle du cuir tanné. Cette peau sert à faire les semelles d'escarpins ou les premières semelles des souliers, c'est à dire les semelles intérieures; les selliers s'en servent pour des quartiers de selles et autres ouvrages; les bourreliers l'emploient aussi pour certains usages.

Autrefois les ouvriers ne faisaient guère que quatre cuirs étirés de tout point dans une journée, et quand c'étaient des cuirs de bœufs, ils en faisaient tout au plus deux; mais maintenant il est reconnu qu'un ouvrier habile peut faire et fait dans une journée de cent à cent vingt livres de vache ou de bœuf.

DU CUIR LISSÉ.

39. Le cuir lissé est une vache forte ou un cuir de bœuf passé au suif et mis en noir, et dont on a abattu le grain avec l'étire. Ce cuir, qui est plus fort que la vache noire ou vache au suif, conserve sa force comme la vache étirée, mais étant pénétré par le suif, il est plus doux et moins cassant.

40. On réserve ordinairement les peaux les plus fortes

...our en faire des cuirs lissés. Ce cuir est employé par les bourreliers pour les harnais qui ont besoin de force. Les corroyeurs font, en général, moins de cuirs lissés que de vaches en suif ou à grain, parce que les bourreliers emploient plus de vaches en suif. Ils s'en servent pour tout ce qui n'a pas besoin de beaucoup de force.

41. On passe au suif et on met en noir la vache lissée comme la vache à grain; la différence du travail entre l'une et l'autre consiste en ce qu'on donne de la force ou plutôt de la fermeté à la vache lissée, tandis que c'est de la souplesse dont on a besoin dans la vache à grain.

42. Pour faire un cuir lissé on prend une peau en croûte, c'est à dire qui a été tannée, qui est sèche, mais qui n'a reçu aucune préparation; on la fend en deux, on la marque avec un chiffre romain pour connaître son poids, on en ôte la châtaigne ou la tête ainsi que les pates, on la mouille dans un baquet, on prend bien garde qu'elle n'ait pas trop d'eau, et dans cet état on la défonce avec les escarpins. Les cuirs de cette espèce doivent être défoncés avec grand soin, car les marchands ont coutume d'examiner attentivement s'il n'y reste aucune fosse. Après que le cuir a été défoncé, on le rebrousse et on l'écharne légèrement sans altérer la peau. Autrefois on se servait, pour cette opération, du couteau tranchant; maintenant les ouvriers ne se servent plus que du couteau à revers. Quand le cuir a été écharné on le met à l'air; on le retire quand il est à demi-sec, et on le refoule avec les pieds : cette opération terminée, on le met de nouveau à l'air, on le foule encore aux pieds avec les escarpins, on le corrompt, on le rebrousse, on le remet encore une fois à l'air, lorsqu'il est sec à cœur, et enfin on le met en suif.

43. On se sert indistinctement, pour mettre le cuir en

suif, de suif de bœuf ou de mouton ; on emploie même
dans plusieurs endroits, le suif brun recuit sur creton ; la
nature du suif n'ajoute rien à la qualité du cuir. Il est seulement regardé comme certain que le suif de mouton donne
à la peu un plus beau lustre ; mais comme il est plus cher
on trouve peu de corroyeurs qui s'en servent. A Paris, on
n'emploie que du suif brun, ou passé au creton, qui coûte
huit à neuf sous la livre. Ce suif est ce qui reste après que le
boucher a extrait de ses graisses le suif blanc dont on se sert
pour faire de la chandelle. On emploie aussi des suifs qui
viennent de la Moscovie et qui ne sont pas chers ; le cuir lisse
est plus fort que la vache noire, et par conséquent il exige
plus de suif. En général, cinq à six livres de suif suffisent
pour un cuir ordinaire : il en faut davantage quand le cuir
est plus fort.

44. Pour que le suif pénètre mieux, avant de mettre une
peau en suif, on la flambe, c'est à dire qu'on la promène
légèrement au-dessus d'un feu de paille qu'on entretient fort
clair. Cette peau, ainsi échauffée, est étendue sur une table
près de la chaudière où l'on fait fondre le suif. Cette opération, qui n'est pas difficile par elle-même, est cependant
très délicate à cause du degré de chaleur auquel il faut s'arrêter : car si le suif n'était pas assez chaud, il figerait sur
la peau et n'y pénétrerait pas ; si au contraire il était trop
chaud, il brûlerait la peau ; il faut donc connaître le degré
positif de chaleur nécessaire, et voilà comment on s'y prenait autrefois. On jetait dans la chaudière une goutte d'eau :
si cette eau s'évaporait comme sur de la friture, le suif était
censé bon à employer. Cette méthode est mauvaise et même
dangereuse, car il peut arriver que quelques gouttes d'eau
seulement fassent monter tout le suif qui est dans la chaudière ; et si le feu s'y mettait, il pourrait en résulter des ac-

dents incalculables. On ne peut donc guère donner une règle positive à ce sujet; c'est à l'ouvrier instruit qu'il convient de juger quand le suif a acquis le degré de chaleur nécessaire.

45. On applique le suif sur les peaux avec un gipon qui est fait de pènes ou morceaux de laine qu'on achète chez les fabricants de couvertures; ces pènes ont quinze à dix-huit pouces de long, on en fait une poignée en les liant sur une longueur de dix à douze pouces, et on laisse le reste pour former la houppe du gipon. Comme la peau est plus ouverte du côté de la chair, c'est par ce côté que l'on commence à appliquer le suif; on le donne ensuite du côté de la fleur; on a soin d'en mettre beaucoup plus sur chair que sur fleur. Les bordages et les aines étant, suivant M. Delalande, les parties les moins bien nourries de la peau et manquant ordinairement de souplesse, doivent, par cela même, être mieux nourries que les autres parties, autrement ces bordages manqueraient et de grâce et de qualité. Non seulement les bordages et les aines ne manquent pas de souplesse, mais ce sont de tout le cuir les parties qui en ont davantage, d'abord parce que ces parties sont creuses, et ensuite parce qu'elles ont moins d'épaisseur que les autres : on doit, à la vérité, pour leur donner un certain corps, les nourrir le plus qu'il est possible. Pour mettre en suif une bande ou moitié de vache ordinaire, un ouvrier n'emploie pas plus de cinq minutes.

46. Quand le corroyeur met des cuirs en suif, il les roule la chair en dehors, et les place dans un tonneau où il les laisse tremper pendant une nuit ou bien huit à dix heures. Cet espace de temps expiré il les foule à l'eau, à la bigorne et au pied jusqu'à ce qu'elles rendent l'eau, ensuite il les amollit et leur donne un vent d'eau avec un balai, ou bien il

les retrempe dans l'eau et les foule de nouveau en tous sen

M. Delalande prétend que trop d'eau enleverait au cu
la fermeté dont il a besoin, et que l'ouvrier doit le mouill
peu, mais le fouler beaucoup ; c'est là une erreur, car
cuir doit être mouillé, comme nous l'avons déjà dit, ju
qu'à ce que l'eau en sorte. Pour que des cuirs soient bi
préparés, l'ouvrier ne doit fouler qu'une bande à la foi
et la raison en est claire, car si l'on foulait deux bandes e
semble, il existerait nécessairement des intervalles penda
lesquels l'une des bandes aurait le temps de se raffermir
de se sécher, inconvénient qui n'a pas lieu quand on
foule une seulement.

47. Pour crépir sur chair on se servait autrefois d'u
pommelle forte de pas, c'est à dire dont les dents étaie
un peu larges ; mais actuellement on ne se sert que de
marguerite. Pour donner cette façon, qui ne sert qu'
nettoyer et à décrasser la fleur, on rebrousse le cuir s
fleur, de cul en tête et de travers, et on continue ainsi ju
qu'à ce que le grain soit presqu'entièrement abattu. Pou
que le cuir colle bien sur la table, on doit rebrousser l
bordages avec soin.

48. Cette opération terminée on étend la peau sur fleur,
chair sur table, et on l'étire à force de bras. L'ouvrier doi
l'abattre et l'unir soigneusement avec l'étire, car c'est, à
proprement parler, ce qui forme le cuir lissé. La peau étant
dans cet état, on essuie la fleur avec des drayures pour faire
entièrement disparaître la graisse, et, sans la lever, on met
le noir.

On fait le noir actuellement comme autrefois ; ainsi nous
donnerons ici textuellement le procédé indiqué par M. Delalande.

49. Pour composer le noir, dit-il dans son traité, on met

bout un tonneau défoncé, on le remplit de vieilles fer-
ailles rouillées, on y verse de la bière aigre autant qu'il en
faut pour couvrir ces ferrailles : on laisse ainsi travailler
cette bière pendant trois mois, et l'on obtient un teint de
bière qui n'est qu'une liqueur un peu rousse, mais qui
noircit parfaitement la peau. On trempe, dans ce teint, un
chiffon ou bouchon de laine, ou une brosse de crin de cheval, et l'on en frotte la peau du côté de la fleur, ce qui la
fait devenir aussitôt d'un beau noir.

50. A Paris on se sert assez communément d'un noir qui
est composé avec la gomme, le bois d'Inde, la couperose ou
sulfate de fer et la noix de galle. Ce noir, qui est celui de
chapelier, coûte très peu de chose ; mais il n'est pas si doux
que le noir de bière : on prétend même qu'il altère les
peaux.

On compose encore un autre noir avec du vin gâté, de
l'eau de coudrement et du levain aigre qu'on fait tremper
dans de mauvaise bière.

Quelques corroyeurs donnent le premier noir sur table
après que les cuirs sont étirés et exposent les vaches à l'air
pour se ressuyer avant de les mettre en noir.

D'excellents corroyeurs, que j'ai consultés à ce sujet,
m'ont répondu qu'ils ne voyaient pas la raison de cette différence : car, m'ont-ils dit, pour qu'une peau prenne bien le
noir, il faut qu'elle soit également humide partout, et toute
peau quelconque ne peut être mise en noir sans avoir été
humectée auparavant.

51. Quand le premier noir a été donné, on met le cuir à
l'air et on le laisse sécher aux trois quarts ; parvenu à ce
point, on le retient, c'est à dire qu'on abat le grain en passant légèrement l'étire sur la fleur, et en prenant bien garde
de l'érailler. L'ouvrier doit toujours pousser l'étire devant

lui, ne pas l'appuyer d'un côté plus que de l'autre, parc
qu'autrement, au lieu de rendre la peau régulière et uni
forme, il y ferait des nuances désagréables à la vue.

52. Pour faire paraître le bord plus épais, on le relèv
avec le tranchant de la serpette et on le noircit ensuite, s
l'on veut, car cela dépend de la volonté du corroyeur. O
donne au cuir lissé un second noir, on le remet à l'air, o
l'y laisse jusqu'à ce qu'il soit presque sec, et on le retien
une seconde fois. Cette opération et la précédente se fon
comme nous l'avons dit plus haut. L'ouvrier doit avoi
grand soin de ne point faire de marque, et de ne donner au
cun coup d'étire à la peau qui doit être bien abattue, c'es
à dire bien unie.

Si l'on s'apercevait, quand le cuir est sec., qu'il restât en
core des endroits rouges et qui n'eussent pas bien pris l
noir, on pourrait, suivant le besoin, lui donner un troi
sième noir en suivant toujours le même procédé.

53. Quand le cuir lissé est bien sec, on le dresse, et pou
y parvenir, on le met en presse à différentes fois; on peu
le laisser en cet état huit et même quinze jours; avant d'êtr
sec à cœur il repousse son suif, et c'est une preuve qu'il es
très ferme.

On remarque que quand le cuir de cette espèce n'est pa
assez sec, il paraît dessus une espèce de moisi qu'on appelle
chanci, mais que la même chose n'arrive pas aux cuirs qui
sont parfaitement secs.

54. Quand on veut donner la dernière façon au cuir lissé,
on essuie la chancissure, c'est à dire le suif et la moisissure
qui ont pu s'amasser sur la fleur; on le lustre avec de la
bière aigre et on l'abat au lustre; ce qui se fait avec l'étire,
ou plutôt avec une lisse en glace. C'est dans ce dernier
travail qu'on cherche à corriger tous les défauts du cuir,

en faire disparaître entièrement le grain, et à le rendre aussi lissé qu'il est susceptible de le devenir. Il ne reste plus alors qu'à faire sécher la bière de l'abatage; pour cela, on le met à l'air, mais non au soleil. Une heure de temps suffit pour que le cuir soit parfaitement sec.

55. Pour éclaircir le cuir, on se sert encore de la vinette, c'est à dire du jus d'épine-vinette. Suivant M. Delalande, l'arbrisseau appelé *berberis dumetorum*, l'épine-vinette de nos buissons, porte des baies ou petites graines acidules en grappes; elles mûrissent dans l'automne; on en exprime le jus, comme celui du raisin, et on le garde dans des tonneaux pour éclaircir le cuir.

56. Il peut se faire parfois qu'on rencontre sur un cuir lissé quelque bas de fleur, quelqu'endroit où la fleur soit usée, ou enfin quelques taches de graisse, alors il faut mouiller et frotter légèrement les endroits défectueux avec un morceau d'étoffe trempé dans le lustre jusqu'à ce qu'ils deviennent aussi clairs que le reste du cuir : on appelle cette opération prendre la pièce au lustre.

Un cuir noir lissé vaut parfois de 40 à 100 et même 120 francs, suivant le poids : cependant toutes les évaluations que nous pouvons donner ne doivent point être prises pour base, à cause des variations continuelles dans le prix des cuirs.

MANIÈRE DE CORROYER LES VACHES EN SUIF.

57. Les vaches lissées sont, comme nous venons de le dire, celles dont on a fait disparaître le grain; les vaches noires, ou vaches en suif et à grain, sont au contraire celles dont on a formé le grain : ces dernières ont plus de souplesse et de douceur que les premières, c'est à dire les

I.

vaches lissées, mais elles ont plus de corps que les vaches e
huile, et elles sont bien plus difficilement pénétrées pa
l'humidité ou par l'eau.

Les selliers, bourreliers et coffretiers sont principalemen
ceux qui emploient les vaches en suif et à grain ; ils s'er
servent pour les harnais et pour les parties les plus appa-
rentes, et qui demandent le plus de propreté. Les vache
de cette espèce servent encore pour couvrir les impériale
des carrosses ; mais pour cet effet, on choisit les plus grande
et celles qui sont très saines, et on les travaille en entier
c'est à dire sans les partager en deux bandes. Une bell
peau propre à faire une impériale de carrosse, quand ell
est bien grenée, drayée également à la force du collet, e
sans défaut, a toujours été regardée comme le chef-d'œuvr
du corroyeur.

58. Quand on veut faire une vache en suif, on choisi
une belle vache en croûte, et la conservant dans son entier
on commence par ouvrir la peau et l'adoucir en la défon
çant avec les pieds ; on continue cette opération jusqu'à c
qu'on soit assuré qu'il n'y a plus de fosses dans le cuir ; en
suite, pour le rendre égal et uniforme, on le draye avec l
couteau à revers, dont le fil doit être doux et uni, afin d
ne point faire de rayures. On met ce cuir à l'air, et quand
il est à moitié sec, on le foule ; ce second foulage, qu'o
donne à demi-humeur, s'appelle retenir. On a pour but
dans cette opération, d'ouvrir la peau et de la préparer
être mise en suif. Ce travail terminé, on foule de nouvea
la peau jusqu'à ce qu'on n'y remarque plus aucune impression de tannée, ou aucune fosse.

59. La peau est ensuite mise à l'air, et quand elle es
presque sèche, on lui donne un troisième foulage qu'on ap
pelle appointage. Dans cette opération, qui sert à faire dis

paraître les plis, l'ouvrier foule la peau, et, après l'avoir roulée sur chair, il la roule aussi parfois de chair et de fleur. Pour la mieux fouler, quand elle est trop dure, on l'arrose avec un balai ; et quand elle est suffisamment humectée, on la rebrousse avec le liége de cul en tête, de travers et sur tous les sens, pour l'ouvrir et la disposer à recevoir le suif. On la remet de nouveau à l'air après l'avoir bien foulée, et on la met en suif au moment où elle est entièrement sèche ; car si on laissait un cuir à l'humidité, il y aurait à craindre que le cuir ne le saisît, et même ne le brûlât. On prétendait autrefois que l'humidité rendait le cuir plus mou. Certains corroyeurs même prétendent qu'on doit donner à la peau sur fleur et sur chair, avant de la mettre en suif, ce qu'on appelle un vent d'eau, c'est à dire de l'arroser un peu avec un balai ; cependant il est constant que toutes les fois qu'on mettra du suif chaud sur une peau humide, on la brûlera. Si on peut employer ce procédé, c'est à dire si on doit humecter les vaches avant de les mettre en suif, ce ne pourrait donc être que quand elles sont sèches à cœur.

60. La manière suivie pour mettre les vaches noires en suif est absolument la même que celle dont nous avons parlé (n° 45) pour les cuirs lissés.

Pour une vache ordinaire, on emploie de trois à quatre livres de suif : au reste, on proportionne le suif à la force et à la grandeur des peaux Une peau de veau sèche pesant deux livres ne prend pas plus d'une demi-livre de suif; mais une peau qui pèse trois livres ponge une livre de suif, et ainsi de suite, la même proportion gardée.

Quand le suif a été mis une seule fois sur les peaux, on les roule, et on les plie en carré, la fleur en dedans, parce qu'étant ainsi pliées le suif les pénètre mieux dans toutes leurs parties. Communément on les laisse quelques heures

seulement dans cet état; mais pour que le suif produisît
mieux son effet, on devrait les y laisser pendant quelques
jours; on les met ensuite dans un tonneau plein d'eau, où
elles trempent pendant huit à dix heures : on suit en cela
le procédé que nous avons indiqué pour le cuir lissé (n° 45).

61. Ces peaux doivent être foulées à l'eau, ou bien,
tandis qu'elles sont encore mouillées, être trempées dans le
tonneau autant de fois qu'il est nécessaire pour que la fleur
soit entièrement dégagée de la crasse du suif et qu'on la
voie bien blanche. Par ce moyen, les peaux deviennent
plus douces, elles sont mieux évidées et mieux dégraissées.

Quand les peaux ont été ainsi trempées, on les crépit
chair sur table avec la marguerite, et, pour couper les
veines et ouvrir le grain, l'ouvrier met la fleur devant lui.
Ces peaux sont ensuite rebroussées fleur sur table, et par
ce moyen la chair est mieux nettoyée, la peau est mieux
ouverte, et elle est aussi mieux disposée à s'étendre sur la
table et à s'y coller.

62. Avant d'étendre la peau sur la table, on doit essuyer avec soin la fleur et la chair pour ôter la crasse qui a
été enlevée de la peau par le crépissage et le rebroussage.
on se sert ordinairement, pour cette opération, d'un balai
de crin sans manche. La table étant ensuite bien nettoyée,
on étend la peau de fleur avec une étire, qui ne doit pas
être trop tranchante, parce qu'elle pourrait gâter la fleur.
On doit faire en sorte de ne laisser aucunes fraises ou plis
dans le tournant des aines.

Quand les peaux ont été ainsi étendues avec l'étire, on les
arrose avec le balai, et on en ôte le reste de la crasse, en
les essuyant avec des bourriers ou drayures; on les double
ensuite, car les vaches en suif se confectionnent dans leur

entier, puis on les fait essorer en les mettant à l'air. Il arrive souvent que les bordages saisis par l'air sèchent trop vite, alors on remédie à cet inconvénient en les mouillant avec un gipon, car autrement ces parties ne prendraient pas le noir.

63. On donne à la peau un coup d'étire pour la redresser, avant de lui donner le noir, et pour cela on l'étend une seconde fois ; cette précaution est nécessaire, parce que la peau en séchant se froisse inégalement ; on la met en noir ensuite ; mais, comme nous l'avons déjà dit, elle ne doit pas être sèche, car il est nécessaire qu'une peau soit mouillée pour être mise en noir. Par ce moyen, le noir pénètre mieux. Il est reconnu que si la peau était entièrement sèche, le noir ne prendrait pas si bien, et serait par conséquent moins beau. Le noir pour les vaches en suif est le même que celui dont on se sert pour les vaches lissées, c'est à dire du noir de chapelier ou du noir de fer. Quand le premier noir a été mis, on étend la peau à l'air, et on la laisse sécher à moitié ; parvenue à ce degré de sécheresse, on lui donne un second noir, et quand elle a bien bu ce noir, on la retient à l'étire sur la fleur, et on la rend autant unie qu'il est possible de le faire, parce qu'étant bien unie la peau prend le grain d'une manière plus égale, et par conséquent elle se finit mieux. Quand les peaux ont été noircies la première fois, pour qu'elles boivent bien le noir, on les plie la fleur en dedans, et on les met en pile, c'est à dire les unes sur les autres ; quand elles sont retenues, on les noircit pour la troisième fois, on les met à l'air de nouveau, et on les y laisse jusqu'à ce qu'elles soient sèches à cœur ; on leur donne ensuite une couche de bière, on les corrompt des quatre quartiers avec la marguerite, on les rebrousse de travers, et, pour les dégraisser, on les essuie de fleur avec

un morceau de vieille couverture qu'on appelle un bluteau; enfin, après cette dernière opération, pour achever de dégraisser la fleur, on lui donne une nouvelle couche de bière.

Il est bon d'observer que toutes les peaux destinées à être éclaircies doivent être essuyées à chaque façon et à chaque noir qu'on leur donne.

64. Après que la peau a été ainsi dégraissée, on lui donne avec l'étire une façon qu'on nomme *abattre au lustre;* on l'essuie avec le bluteau et on *l'éclaircit* sur l'abattage, c'est à dire qu'on frotte la peau sur la fleur avec une pièce de laine trempée dans du lustre ou dans le jus de l'épine-vinette. Si l'on veut que le grain soit plus beau et plus égal, on laissera la peau dans cet état pendant une ou deux heures, et par ce moyen la fleur se raffermira. Peut-être cette précaution n'est-elle pas absolument nécessaire, mais elle peut être très avantageuse.

65. Quand la peau a été éclaircie sur l'abatage, on la redresse des quatre quartiers ou obliquement d'une patte à la gorge, avec une pommelle plus fine que celle qui a servi à la corrompre, ou plutôt avec la marguerite; on a soin de tirer toujours beaucoup sur le travers. On prend la peau de travers droit, c'est à dire directement sur la largeur, ensuite on la prend de queue en tête, en arrondissant le grain le plus qu'il est possible : les aines, qui sont les parties les plus faibles et qui pourraient devenir trop flasques, doivent être ménagées avec soin, soit en corrompant, soit en arrondissant. Pour sécher la peau et raffermir le grain, on lui donne une seconde couche de bière aigre, et on la met à l'air; quand la fleur est sèche, on l'éclaircit de nouveau avec de l'épine-vinette, et, après cette opération, la vache noire ou en suif est confectionnée.

66. Il faut observer que la fleur de la peau étant molle et facile à rayer, on doit l'éclaircir légèrement et avec soin, et ne se servir que d'un bluteau ou morceau de panne très uni. On emploie quelquefois pour cette opération de l'eau-de-vie faible, du vin gâté, du sumac ou de l'eau de coudrement. On peut même, en cas de besoin, se servir de levure de pâte d'orge. Pour faire le noir de cette manière, on met le levain dans la bière, et on l'y laisse tremper vingt-quatre heures ; on verse ensuite dans cette bière du vinaigre, dans lequel on a fait bouillir de la couperose ; on met cinq livres de vinaigre pour un muid de liquide. Ce noir, qui est préparé en peu de temps, est aussi beau que les autres ; mais on prétend qu'il peut avoir l'inconvénient de graisser la fleur : cet inconvénient peut facilement être évité, car, venant nécessairement de la pâte qui compose le levain, supprimez ce levain, et avec de l'eau claire et de la couperose, ou sulfate de fer seulement, vous aurez un très beau noir.

67. Pour lustrer les peaux, on peut se servir, au lieu d'épine-vinette, d'une préparation faite avec de la bière aigre, de la gomme arabique et du sucre. On fait encore du lustre avec du sirop de sucre ou de la mélasse délayée dans de la bière. On fait avec une livre de mélasse quinze pintes de lustre, avec lesquelles quinze pintes on peut lustrer dix douzaines de vaches.

On fait à Paris du lustre avec du cassis infusé partie dans du vinaigre, partie dans de la bière, et, après avoir mêlé le tout ensemble, ce lustre produit le même effet que l'épine-vinette, et ne coûte pas aussi cher. On peut également se servir de groseilles, de mérises, et même de gomme prise sur nos arbres ordinaires. La cherté de l'épine-vinette, qui vaut maintenant 3 francs la bouteille, a dû déterminer les fabricants à remplacer ce jus par des préparations moins chères, et qui produisent le même effet.

68. Les vaches noires sont achetées par les coffretiers, les bourreliers et les selliers. Ces derniers s'en servent pour faire des quartiers de selles, et pour couvrir des voitures de toute espèce. Ils les emploient aussi pour faire des impériales de carrosses, et ils choisissent, à cet effet, celles qui sont les plus grandes, et dans lesquelles ils ne remarquent aucun défaut : ce sont alors celles dont ils tirent un parti plus avantageux.

69. On fait maintenant des impériales de voitures avec des cuirs que l'on nomme *vaches à l'eau;* le corroyeur, après avoir seulement drayé et mis au vent ces peaux, les livre mouillées au carrossier, qui les tend dans cet état sur les voitures; il les noircit ensuite et les vernit sur les voitures même. Ces impériales se nomment *impériales vernies.*

En général, les belles vaches noires en grain se vendent aux selliers et aux carrossiers qui les emploient dans leur entier; les autres passent entre les mains des bourreliers, parce que ne les employant qu'en morceaux, ils n'ont pas besoin qu'elles soient aussi parfaites et aussi grandes.

Un ouvrier emploie ordinairement onze à douze jours pour confectionner en tout point une douzaine de vaches noires.

DES VACHES EN HUILE.

70. Pour faire des vaches en huile, le corroyeur choisit les peaux les plus franches ou qui sont le mieux tannées, parce que les vaches en huile doivent particulièrement être très moelleuses. Il y a deux sortes de vaches en huile, celles qui se mettent en noir et celles qui se mettent en blanc. Les

vaches à l'huile en blanc servent aux cordonniers qui les noircissent eux-mêmes avec différentes préparations, suivant l'usage auquel ils les destinent. Les vaches à l'huile mises en noir sont employées par les bourreliers : nous ne parlerons dans cet article que des vaches noires. Autrefois les vaches de cette espèce se mettaient à grain comme les vaches en suif, et n'étaient jamais lissées ; mais aujourd'hui il est reconnu, et l'expérience journalière a prouvé que les selliers et les bourreliers pouvaient employer avantageusement les vaches noires en huile quand elles étaient lissées.

71. Quand l'ouvrier a fait le choix de ses peaux, il commence par les défoncer de la manière dont nous l'avons décrit pour les cuirs lissés (n° 42), ensuite il sépare celles qu'il veut mettre en noir, et celles qu'il veut mettre en blanc du côté de la fleur.

Les vaches qui sont destinées à être mises en noir du côté de la fleur doivent seulement être butées, et l'opération se termine avec la lunette ou le couteau à revers. Après les avoir commencées comme les vaches en suif, on les défonce, on les butte si l'on veut les parer à la lunette, et on les draye si on n'a pas l'intention de les parer ; ensuite on les foule à l'eau, et pendant cette opération, on s'applique à bien les évider ou les adoucir, et pour y parvenir, on les mouille à différentes reprises, en pleine eau ou dans un tonneau, et on les foule à chaque fois : cette opération se réitère souvent jusqu'à sept ou huit fois.

On peut se servir pour fouler les peaux de ce qu'on appelle un pilon. On peut aussi fouler plusieurs vaches à la fois, suivant la grandeur du tonneau dans lequel on les a mises.

72. Quand les peaux sont dans cet état, on les étend de chair sur une table bien unie ou sur un marbre, ensuite on

7*

les retourne et on les pierre de fleur, puis on leur donne un coup d'étire bien serré pour en faire sortir toute l'eau et les bien étendre en même temps. La pierre qui sert à donner cette façon est un morceau de queurse emmanché de la même manière que les étires; ensuite on les met essorer : une heure suffit en été; en hiver, il en faut davantage. Il est des corroyeurs qui ne mettent point ces peaux au grand air, parce qu'ils prétendent que l'air peut trop les surprendre, mais cet usage n'est pas général. Enfin quand les peaux sont suffisamment ressuyées, on les met en huile.

75. Les corroyeurs de Paris, comme ceux des départements, se servent ordinairement, pour mettre en huile, du dégras des chamoiseurs. Ce dégras est le résidu de l'huile de poisson qui a servi à nourrir les peaux qui se passent en chamois. Le dégras est plus épais que l'huile, et comme il tient beaucoup mieux à la peau, il s'ensuit qu'il la nourrit aussi davantage. D'ailleurs ce dégras qui est savonneux, donne plus de douceur à la peau. L'expérience prouve, depuis soixante ans, que cette matière est en tout préférable à l'huile de poisson dont on se servait autrefois, et dont on se sert encore à défaut de dégras; mais il faut alors que cette huile soit très bonne et très pure. On prétend que l'huile ne rend pas le cuir si moelleux, qu'elle ne le nourrit pas si bien, qu'elle ne lui donne pas autant de corps, et enfin qu'elle s'y unit moins bien que le dégras; la raison la plus probable et la plus satisfaisante qu'on puisse donner de ce dernier effet, c'est qu'il est impossible de faire tenir sur une peau autant d'huile que de dégras : d'après cela le dégras étant en plus grande quantité que l'huile, doit nécessairement la nourrir davantage. Il faut d'ailleurs beaucoup plus d'huile que de dégras, et plus le dégras est

épais, plus il contient de parties huileuses, et plus il donne de corps à la peau. Il arrive parfois que le dégras n'est pas cuit, et qu'il contient des parties aqueuses ; alors il pénètre mal dans la peau qui ne peut être bien préparée. Le dégras qui est fait avec de l'huile de morue et de baleine se tire en grande partie à Paris de Niort, pays où il existe un grand nombre de chamoiseurs ; on en tire aussi de Grenoble, de Strasbourg et de quelques autres villes de France, où il se fabrique des peaux de daim et de chamois.

74. M. Delalande rapporte qu'on a tiré des abattis de bœufs, de moutons, de chèvres, etc., une huile qui donnait une très bonne qualité au cuir. Voici le procédé qu'on employait pour tirer cette huile.

Les abattis étant cuits dans une chaudière pleine d'eau, à peu près au degré où ils pourraient être mangés, on puise l'huile et toutes les graisses qui surnagent, et on les jette dans une chaudière où il y a de l'eau prête à bouillir ; on tient cette seconde chaudière dans le même degré de chaleur, pendant vingt-quatre heures, et quelquefois plus : l'huile la plus pure surnage : on soutire cette huile par un robinet adapté à la chaudière, et on la verse dans la troisième chaudière où il y a de l'eau assez chaude pour que les graisses mêlées avec l'huile ne puissent pas s'y figer ; on tient l'eau de cette chaudière dans le même degré de chaleur pendant vingt-quatre heures ; on la laisse ensuite refroidir.

75. Les graisses, qui tiennent toujours le dessous, se figent entièrement, et l'on tire trois espèces d'huiles par trois robinets adaptés les uns au-dessus des autres. La plus pesante ou la troisième étant appliquée sur du cuir il devient impénétrable à l'eau, même après que l'eau a séjourné plusieurs jours dans le cuir.

Nous avons rapporté les propres expressions de M. Delalande ; mais nous ajouterons que cette huile, d'après les renseignements que nous avons pris, n'est en usage nulle part, au moins chez les corroyeurs : cependant elle serait très bonne ; mais elle est trop chère. On ne l'emploie maintenant que pour graisser les rouages des filatures et autres mécaniques, parce qu'il est reconnu qu'étant très pure, elle ne laisse point de crasse.

76. Le dégras s'emploie rarement sans être mélangé avec de l'huile ; quand le dégras est épais on le mêle avec moitié huile ; quand il est moins épais on met trois quarts de dégras et un quart d'huile seulement. Au reste tout cela dépend d'abord de l'opinion du corroyeur, et ensuite beaucoup de la température de l'air. En été il ne faut presque pas d'huile, mais en hiver on est forcé d'en mettre davantage. Il faut aussi se baser sur l'épaisseur du dégras et sur la façon donnée au cuir. La première nourriture exige plus d'huile que la seconde ; on doit aussi examiner la nature des peaux. Celles qui sont maigres, ingrates, qui ont eu trop de plain, étant susceptibles de se pénétrer aisément, demandent beaucoup de dégras et peu d'huile, parce qu'elle perce trop. On peut dire, relativement aux peaux de cette espèce, qu'ayant trop resté dans les plains, elles ne sont pas susceptibles de porter beaucoup de nourriture.

77. Le prix des dégras a varié et varie encore, de même que celui de l'huile ; cependant l'huile a toujours été moins chère que le dégras. L'huile dans ce moment vaut de 60 à 72 fr. le quintal, et le dégras, suivant la qualité, de 60 à 100 fr.

Quand le dégras est de bonne qualité on peut y mettre moitié et même au-delà d'huile. Quand on prépare des vaches, on met moins de dégras sur les ventres que sur le

ête et la culée, parce que ces parties sont plus difficiles à
énétrer; dans les veaux au contraire, la culée se perce
lus facilement, et les ventres exigent plus de dégras. Quel-
ues corroyeurs font chauffer le dégras, surtout en hiver ;
e procédé qui n'est pas généralement suivi, est même
mauvais, parce que, quand le dégras est chaud, il devient
ussi liquide que l'huile, et par conséquent il s'attache
moins à la peau.

78. Une vache de quinze à seize livres boit communément quatre livres de dégras, c'est à dire environ le quart
de son propre poids. On peut se baser sur ce principe pour
toutes les peaux de ce genre ; mais les veaux en demandent
davantage, car on compte communément sur dix livres en
huile et dégras pour une douzaine de veaux pesant vingt-
huit livres , ce qui fait un tiers et plus de leur poids.

Pour qu'une peau soit bien préparée , il faut que l'huile
ou le dégras n'y pénètre que peu à peu; pour atteindre ce
but, on prend la peau quand elle est encore humide , et
même assez mouillée pour qu'on puisse , en la comprimant ,
en faire sortir de l'eau. La peau, dans cet état, ne prend
l'huile ou le dégras qu'à mesure qu'elle sèche. On doit avoir
soin, avant cette opération, de mouiller les endroits qui
sont un peu trop secs ; car il est reconnu que quand une
peau est trop sèche au moment où elle est mise au dégras ,
elle ne peut jamais être bien nourrie, ni avoir assez de
corps. On sent bien qu'il faut éviter les extrêmes ; car, si la
peau était trop mouillée, et si le dégras était mêlée d'eau ,
il est évident qu'il ne pourrait pénétrer dans les peaux.

79. L'huile ou le dégras ayant été étendu sur la peau ,
de chair et de fleur, avec le gipon et même avec les mains,
on doit donner à cette peau le temps de boire son huile ; et
pour cet effet, on la suspend par les pates de derrière, et

on la met à l'air. En été les peaux sont sèches, souvent dans le même jour ; mais en hiver il faut beaucoup plus de temps. On a soin de ne pas les exposer à l'ardeur du soleil ou au grand hâle, parce que séchant trop vite, l'huile ne peut les détremper, les abreuver, les pénétrer convenablement et s'y unir de manière à former corps avec elle, ce qui est indispensable pour la qualité des cuirs.

80. Les corroyeurs varient dans la manière de mettre en huile ; les uns mettent sur chair huile et dégras, et seulement de l'huile sur la fleur ; d'autres mettent de l'huile et du dégras sur la fleur et sur la chair ; d'autres enfin ne mettent que du dégras sur la fleur et sur la chair ; seulement ils en mettent un peu moins sur la fleur, parce que le dégras empêche la fleur de s'éclaircir. On ne peut, d'après les renseignements que j'ai pris, blâmer aucune de ces méthodes ; mais on est généralement d'accord sur un point, c'est qu'il faut mettre peu de dégras sur la fleur.

On donne à peu près aux peaux destinées pour les selliers un tiers de nourriture moins qu'à celles qui doivent passer entre les mains des cordonniers.

81. Quand les peaux sont sèches, on les foule pour les décrasser ; après cela on les charge de nouveau avec plus d'huile que de dégras ; puis on les foule une seconde fois ; ensuite on dégraisse entièrement la fleur en la frottant avec une brosse trempée dans une eau légère de potasse.

Cette opération terminée, on met sur-le-champ les peaux en noir, et on a soin de tenir les bordages propres. Ce noir est le même que celui dont on se sert pour le cuir lissé, et s'applique de la même manière (n°s 50, 51). Quand les peaux ont reçu le premier noir, on les crépit de travers et on leur donne un second noir, puis on les met à l'air jusqu'à ce qu'elles soient sèches à fond. On les foule ensuite, on les déborde, on les pare à la lunette, on les tire au liége, et pour les terminer entièrement, on les frotte légèrement sur fleur avec de l'huile.

82. Maintenant la plupart des corroyeurs ne foulent pas les peaux, ils les dégraissent sur la table avec une étire, ils les mouillent de fleur, les potassent, et ensuite ils les mettent en noir, et pour les adoucir et leur faire le grain, ils les corrompent de queue en tête ou de travers, ou même des quatre quartiers.

Les vaches en huile servent particulièrement pour les cabriolets, et afin de les rendre propres à cet usage, on les baisse beaucoup, c'est à dire qu'on les rend très minces. Un bon ouvrier peut, en douze jours, faire de tout point, plus de douze vaches de cette espèce. Une vache en huile pesant vingt livres, et qui se vendait autrefois 20 fr. en vaut maintenant communément 30.

83. Les bourreliers ayant besoin de cuir noir très fort pour les harnais et autres usages, on fait pour eux des croupons en huile. Ces croupons qui ont quatre pieds et demi de long sur trois et demi de large, et qui forment la partie la plus forte du cuir, sont des peaux de bœufs ou de vaches, auxquelles on a ôté la tête et les ventres.

En général, on faisait autrefois peu de vaches en huile, d'abord, parce que dans les départements comme à Paris, les cordonniers n'employaient que du veau tourné, c'est à dire du veau passé en huile, qu'ils mettaient la fleur en dehors; et ensuite parce que les bourreliers préféraient les cuirs lissés. Cependant les selliers se servent, pour les cabriolets et autres petites voitures dans lesquelles on cherche plutôt l'élégance que la force, les selliers, dis-je, se servent des vaches en huile, parce qu'elles ont plus d'agrément et de propreté que les vaches en suif.

84. Maintenant les cordonniers de Paris ne se servent de vaches en huile, que pour les souliers de charbonniers, de porte-faix, de voituriers, et autres personnes de ce genre.

On fait à Paris, en blanc, tous les croupons qui sont destinés pour les cordonniers, et on peut dire qu'il ne se fait, dans cette ville et à cinquante lieues aux environs, aucuns croupons au suif.

DES VACHES EN CIRE.

85. Sous le nom de vaches en cire, on comprend maintenant les vaches en suif qui, par leur nature, ou par l'effet du travail, ont de la fermeté, et sont préparées avec soin; mais les vaches en cire, proprement dites, sont celles qui ont été frottées avec de la cire fondue, assez chaude pour les pénétrer; on fait très peu de vaches de cette espèce, parce qu'elles coûteraient très cher, et que les bourreliers et carrossiers qui seuls pourraient s'en servir, n'en demandent jamais.

Pour donner plus de fermeté à certains cuirs, il est des corroyeurs qui mêlent au suif, un quart ou un huitième de cire; mais plus généralement les cuirs lissés auxquels on a conservé de la fermeté en leur donnant moins de suif, sont ceux que les carrossiers vendent pour des vaches en cire.

DES VACHES D'ANGLETERRE.

Suivant M. Delalande, les vaches d'Angleterre, ou façon d'Angleterre, en huile ou en suif, sont des cuirs de vaches ou de bœufs lissés ou à grains, auxquels on conserve la couleur naturelle fauve et jaunâtre, malgré le suif qu'on y net, pour leur donner de la souplesse. On fait du cuir lissé de la vache à grains façon d'Angleterre.

86. Pour faire des vaches façon d'Angleterre, on choisit les peaux de bonne qualité, blanches de fleur, et très nettes; ces peaux doivent de plus être franches ou bien tannées et ne pas conserver de verdeur; on emploie ordinairement de préférence, les peaux de Louviers, de Nemours, ou bien des autres fabriques où le cuir est blanc.

87. On commence par défoncer ces peaux avec la bigorne et les talons, de la même manière que pour les cuirs lissés (n° 42). Comme la plus légère tache empêcherait qu'elles ne fussent propres à l'usage auquel on les destine, on doit avoir soin de les conduire avec beaucoup de propreté.

88. Quand ces peaux ont été défoncées on les met à l'air, et on les foule avec les pieds ou avec la draye. Lorsqu'elles sont presque sèches, on les retient au pied de la même manière que les cuirs lissés et les vaches noires, puis on les corrompt et on les rebrousse au talon et à la pommelle, de chair et de fleur pour en faire disparaître les plis. Ces peaux doivent être sèches à fond avant d'être mises en suif. Au moment de leur donner le suif, on les mouille sur fleur avec un gipon, en ayant grand soin que l'eau dont on se sert soit claire et propre, et le gipon blanc et net. Si on ne mouillait ainsi les peaux, le suif pourrait percer les coutelures ou les endroits faibles.

89. Le suif, qui se donne sur chair, doit être moins chaud que pour le cuir lissé et la vache en suif. Dans les vaches d'Angleterre, on veut particulièrement conserver la propreté et la couleur; pour y parvenir, on donne du suif en si petite quantité, qu'il ne peut percer jusqu'à la fleur. Quand les peaux sont mises en suif, on les met dans

un tonneau, et on les laisse pendant une demi-heure tremper dans de l'eau claire.

90. Quand les peaux sont ainsi trempées on les foule à
l'eau, on les étend, et on leur donne sur fleur, mais légèrement et également, une couche d'huile de poisson ou de
lin ; on préfère ordinairement cette dernière. Après que
l'huile a été étendue, ce qui se fait avec une pièce de laine
ou un petit gipon, on laisse sécher les peaux et on les finit
comme les cuirs lissés ; seulement on se sert d'une étire de
cuivre, parce que celle de fer pourrait parfois tacher ou
noircir la peau. Quand la peau est sèche à cœur, on y applique sur fleur une couleur faite avec de la graine d'Avignon, ou du safran. Avec un demi-gros de safran, on peut
mettre en couleur six cuirs. On met le safran dans une
pinte de bière. On a besoin de beaucoup de précaution
pour étendre cette couleur ; non seulement il faut qu'elle
soit mise d'une manière égale, mais encore avec beaucoup
de vivacité, car autrement la peau serait tachée ou colorée
par placards, ce qui produirait un très mauvais effet.

91. Quand la peau est en couleur, on la remet à l'air ; on
se garde bien de l'exposer au soleil, parce que la chaleur en
faisant pénétrer jusqu'à la fleur, la nourriture qui a été mise
sur la chair tacherait infailliblement la peau ; on ne se sert
point d'épine-vinette qui pourrait aussi faire des taches, on
se contente d'essuyer la peau jusqu'à ce qu'elle soit sèche,
avec un morceau de panne ou un linge blanc : cela suffit
pour l'éclaircir et la lustrer. Il est des corroyeurs qui lissent
seulement les peaux de cette espèce et qui n'y mettent pas
de couleur. Cette méthode était celle adoptée autrefois.

92. On suit maintenant une méthode un peu différente.
Quand les cuirs destinés pour le jaune sont drayés proprement, on les corrompt pour en faire disparaître les fosses

il y en a ; on les foule avec un pilon dans un tonneau rempli d'eau claire, on les met de chair, au vent sur un arbre, ensuite on les reprend de fleur pour les pierrer et les étendre avec l'étire de cuivre. On a soin de les serrer très ferme, afin de bien tendre le cuir et de le rendre très uni. Cette opération terminée, on les fait essorer un peu et on les retient toujours avec l'étire de cuivre. On a soin de bien les essuyer avec un gipon de laine très propre, à chaque façon qu'on leur donne ; ensuite on les met en huile, de fleur, avec de l'huile de lin et de chair, avec une composition d'huile de poisson, de dégras et de beau suif blanc ; on met un tiers de chaque corps gras, le tout fondu et mêlé ensemble, puis passé au tamis de crin ; cependant ce mélange doit être fait d'après la température de l'air et la saison dans laquelle le travail a lieu. Pour que les épaules et les extrémités aient une couleur bien égale et bien jaune, on a soin de ne pas trop les nourrir. Quand les peaux ont reçu cette nourriture, on les fait sécher en les suspendant au moyen d'une baguette passée par un bout dans la queue, et par l'autre dans une pate. Quand elles sont sèches on les met de nouveau sur une table de marbre, on les retient très ferme de chair avec une étire un peu arsente afin de les bien dégraisser et de les rendre bien unies ; ensuite on les reprend de fleur, on les mouille avec un peu d'eau propre, on les retient avec l'étire en cuivre, on les essuie soigneusement avec un chiffon propre, et on les tend encore une fois pour qu'elles achèvent de sécher ; quelquefois on leur donne une couleur faite avec un peu de bois de Brésil, un peu de graine d'Avignon et de la colle de Flandre, le tout cuit ensemble ; on passe cette teinture sur la fleur vivement et légèrement, puis on étend la peau et on la laisse à l'air jusqu'à ce qu'elle soit entièrement sèche; on la lisse ensuite avec une lisse de glace emmanchée comme une étire. Maintenant, comme autrefois, on se contente de lisser les peaux de cette espèce, et on les laisse dans leur couleur naturelle.

93. Ces vaches sont plus chères que celles en suif; elles sont ordinairement vendues aux bourreliers qui s'en servent pour des harnais.

DES VACHES GRISES.

94. Les vaches grises ou vaches grasses, n'ayant besoin que de beaucoup de souplesse, et n'exigeant point la propreté de celles façon d'Angleterre, on leur donne du suif autant qu'elles en peuvent porter. La préparation de ces vaches est la même que celle des vaches noires, jusqu'au moment où on les met en suif. Quand elles ont reçu le suif, on les met au vent: on parvient à les rendre plus douces en leur donnant une couche d'huile et de dégras de chair et de fleur quand elles sont à demi-humeur. Il ne faut pas, pour chaque peau, plus d'une livre et demie d'huile et de dégras. On se sert de ces cuirs pour tous les ouvrages qui demandent de la force et de la souplesse; on en fait des malles, des soufflets, des cuirs de pompes, etc.

DES VACHES BLANCHES EN HUILE.

95. La vache d'Angleterre sert, comme nous l'avons dit (n° 93), aux bourreliers pour faire des harnais; la vache blanche en huile est, au contraire, employée par les cordonniers qui en font des souliers; elle exige, en général, moins de précautions et de façon que les vaches d'Angleterre, on ne la met point au vent, parce que cette opération

a pour but que de donner de la propreté au cuir; on ne
draye point, on se contente de la défoncer ou de la buter
avec le butoir sourd. On la met en huile et en dégras de
chair et de fleur; on la fait sécher, on la foule aux pieds, on
déborde, on la pare à la lunette, et on la rebrousse pour
faire disparaître les plis; enfin pour relever le grain et coucher la chair, on la tire au liége. Les cuirs de cette espèce,
devant être bien nourris, prennent assez communément
chacun trois livres d'huile et de dégras. Quoique ces peaux
servent à différents usages, les cordonniers sont cependant
ceux qui l'achètent le plus communément; ils l'emploient
pour de gros souliers, ils mettent la fleur en dedans, et la
noircissent eux-mêmes sur chair avec une cire composée de
suif et de noir de fumée.

96. La manutention des vaches blanches a éprouvé peu
de changements : seulement on n'est plus dans l'usage de les
fouler, mais on les corrompt et on les rebrousse; le reste
du travail est le même. On pourrait les mettre au vent; on
est même dans cet usage à Paris, et elles n'en seraient que
plus belles; il faut observer que ces peaux ne se travaillent
plus dans leur entier, mais qu'on en fait des croupons,
c'est à dire qu'on coupe les ventres et les têtes, parce que
ces parties sont trop creuses; on les étire, et on s'en sert
pour faire les premières semelles de souliers.

DES PEAUX DE VEAU.

97. On trouve, dans le traité de M. Delalande, que les
peaux de veau se travaillent, en général, comme les peaux
de vache, et qu'elles servent aux mêmes usages. M. Delalande a commis en cela une double erreur, car 1° le gros
veau blanc, qui se fait comme des croupons de vaches,

et qui sert aux mêmes usages, est le seul qui se trav
comme les vaches ; 2° communément les vaches ne ser
qu'à faire des semelles, tandis que le veau ne s'emploie
pour les empeignes. Il est bien vrai qu'on étire cert
veaux, selon l'usage qu'on veut en faire ; mais on nom
cette opération mettre au vent ; on peut donc dire qu'on
fait aucuns veaux qu'on puisse proprement appeler ve
étirés.

On fait des veaux en huile, des veaux en suif, des ve
façon d'Angleterre, des veaux façon de Russie, des ve
cirés, etc. Il est reconnu que les peaux de veau étant p
faibles que celles de vache, ont besoin d'être plus mé
gées, et demandent moins de nourriture. Nous allons de
ner séparément la manière de travailler les peaux de v
de chaque espèce.

DES VEAUX EN HUILE.

98. Le corroyeur, pour faire des veaux en huile, pre
des veaux au sortir de la fosse ; il les met à l'air, les lai
essorer, puis il les bute ; il leur donne ensuite un tour
pieds ou deux, c'est à dire qu'il les foule pendant quelqu
minutes, et après cela il les met en huile, à froid, de ch
et de fleur. Il est cependant quelques corroyeurs qui,
hiver, font tiédir l'huile. Cette méthode, qui n'est pas gé
nérale, ne nous paraît pas bonne, parce que, mêlée chaude
avec le dégras, l'huile rend ce dernier plus clair et plus
liquide, et par conséquent il ne peut rester sur la peau en
quantité suffisante.

99. Chaque peau de veau, quand elle est forte, prend
de deux livres à deux livres et demie de nourriture, de
manière qu'on emploie de dix à douze livres de corps gras

une douzaine de veaux de trente à trente-six livres; et ordinairement moitié huile et moitié dégras; cependant quand le dégras est clair, on l'emploie seul et l'on n'y met point d'huile. Un veau plamé, c'est à dire qui a trop de plain, n'est pas susceptible de recevoir autant de nourriture que celui qui n'est resté dans le plain que le temps nécessaire, parce que devenu sec par l'effet de la chaux, il ne peut pas supporter la nourriture qui pénètre à travers, et il ne s'imbibe plus de dégras qu'il soit clair ou épais. En général, il faut éviter l'excès de l'huile ou du dégras, qui rend nécessairement les peaux trop souples et trop molles. Au reste, c'est au corroyeur instruit dans son art à juger de la quantité d'huile ou de dégras nécessaire pour qu'un cuir soit bien corroyé; il est même facile de voir qu'on ne peut donner à ce sujet aucune règle positive.

100. Quand les veaux ont été mis en huile, on les fait sécher et on les décrasse, c'est à dire qu'on les foule avec les pieds pour les amollir et emporter les parties étrangères qui pourraient y être restées attachées; cette façon adoucit de plus les peaux et relève le grain.

Cependant tous les veaux ne se décrassent pas de la même manière; on doit considérer, pour cette opération, la disposition de la peau et l'usage qu'on en veut faire; car souvent les veaux ne se foulent point aux pieds, comme nous le verrons en parlant des veaux cirés et des veaux grenés ou imprimés.

Avant de mettre les veaux en noir, on décrasse la fleur avec de la potasse; ce travail les attendrit et les dispose à en prendre le noir. Pour décrasser les peaux, on faisait autrefois fondre une livre de potasse dans un seau d'eau; mais il est reconnu qu'une livre de potasse est trop : on ne doit en employer qu'autant qu'il en faut pour dégraisser le

veau de manière à ce que le noir puisse prendre ; tro[p de]
potasse serait nuisible. Quand on veut décrasser les ve[aux,]
on trempe une brosse dans la dissolution de potasse et o[n]
passe sur la fleur. Le noir se donne aussitôt que les p[eaux]
sont dégraissées ; ce noir est le même que celui dont o[n]
sert pour les vaches : on doit bien se garder d'en
mettre, parce qu'il pourrait percer la peau.

101. Quand les veaux ont été mis en noir, on les cr[épit,]
et s'il s'en trouve qui aient de fortes crinières, on doi[t les]
rebrousser avec une pommelle d'un pas plus fort que c[elles]
qui servent à crépir. Maintenant on ne se sert plus [pour]
toutes ces opérations que de la marguerite. Les peaux, [en]
cet état, se crépissent de queue en tête et de travers. [Le]
crépissage sert à couper les veines de la peau, c'est à [dire]
à interrompre les longs sillons qui s'y trouvent en diffé[rens]
sens ; ensuite on donne un second noir à la peau ; parfo[is on]
la recharge même avec de l'huile mêlée avec un cinqui[ème]
de dégras ; ensuite on la met à l'air et on la fait séch[er à]
cœur ; quand elle est sèche, on la foule pour l'adou[cir,]
couper les nerfs, faire sortir le grain et l'ouvrir. Dan[s les]
veaux à l'huile, on s'attache particulièrement à cette o[pé-]
ration.

Après avoir foulé les peaux, on les corrompt [en]
chair, on les rebrousse sur fleur avec la marguerite pour[les]
adoucir et effacer les plis de la foulée ; ensuite on les [dé-]
borde avec le couteau à revers tout autour de la peau, [et]
on les dispose à être parées avec la lunette ou le coutea[u à]
revers.

102. Dans certains pays, on pare à la lunette ; d[ans]
d'autres, on ne se sert plus que du couteau à revers. C[eux]
qui se servent de la lunette prétendent qu'elle n'affame [au-]
tant les peaux que le couteau à revers ; mais il faut plus [de]

temps pour les parer. Un bon ouvrier peut parer huit à dix peaux dans une heure.

Quand les peaux ont été parées, on les tire au liége, clair sur table, on leur donne une petite couche d'huile de poisson sur fleur pour foncer le noir dont la teinte a été affaiblie par le travail, et ainsi se termine l'opération entière.

103. Maintenant quand le veau est sec d'huile, on le mouille en le trempant dans une cuve ou dans un baquet plein d'eau, de manière cependant qu'il ne soit pas entiè-rement pénétré; ensuite on le crépit de queue en tête, et on le met en premier noir; ensuite on le recrépit de travers, on le remet en deuxième noir, et on le recharge, comme nous l'avons déjà dit; alors on le fait sécher à cœur, puis on le corrompt de queue en tête, on le rebrousse des deux quartiers, et on le pare; ensuite on le tire au liége sur le travers, afin de lui faire pousser un grain plus fin (autrefois on voulait que le grain fût très gros), on le recharge pour la dernière fois sur fleur avec de l'huile claire, et il est en-tièrement préparé.

104. L'ouvrier intelligent comprendra facilement qu'en menant ainsi la peau sur tous les sens, il l'adoucit, en rompt mieux les nerfs et la rend plus moelleuse.

DES VEAUX EN SUIF.

105. On fait, en général, peu de veaux en suif, mais beaucoup en huile; cependant le veau en suif est plus clair et moins sujet à prendre l'eau que celui en huile. Les bour-reliers ne s'en servaient autrefois que pour la bordure, au-jourd'hui ils l'emploient à faire des housses qui se mettent sur les colliers des chevaux. Les selliers s'en servent aussi

I.   8

pour différents usages : il est même des pays où les cordo-
niers en font des souliers.

106. Pour faire des veaux en suif, on prend des peaux
sèches en croûte, on leur donne un vent d'eau avec le
balai, et on les bute avec le butoir sourd, ou sur la table
avec une étire. Ce travail n'est nécessaire que quand on
veut laisser les veaux dans toute leur force : on les égorge,
c'est à dire qu'on abaisse les têtes, ou qu'on les amincit
avec le couteau à revers jusqu'à la saignée ; on abaisse davantage la tête qui est plus forte que le reste, on écharne
ensuite légèrement les peaux sur le corps avec le couteau à
revers, et on ôte plus ou moins de chair, suivant la force
qu'on veut donner au cuir. Pour que le couteau morde
mieux sur la peau, on a soin de la mouiller. Ce travail est
d'autant plus nécessaire qu'on ne peut ni écharner, ni baisser une peau sans qu'elle ait été mouillée. Après que les
peaux étaient sèches, on les ponçait autrefois pour enlever
les inégalités de la chair ; mais aujourd'hui on se dispense
de ce travail.

107. Quand les peaux sont sèches, on les corrompt en
chair avec la marguerite, et on les rebrousse avec le liége ;
ensuite on les met en suif comme les vaches. Des veaux
pesant de trente-huit à quarante livres la douzaine prennent
de douze à quinze livres de suif. Après le suif, on met
tremper les peaux, on les foule, on les rebrousse et on les
met au vent, on les étend sur un marbre ou sur une table
bien unie, avec une étire, pour les unir et leur faire ensuite
le grain qu'on désire ; on les dégraisse, on les met en noir
deux fois, on les corrompt, on les rebrousse, on les redresse et on les éclaircit. Quelques corroyeurs, au lieu de
les éclaircir, les chargent seulement sur la fleur avec de
l'huile claire.

Les selliers, les bourreliers et les coffretiers sont les seuls qui se servent du veau en suif. On a vu quelques tapissiers en garnir des tables et en faire des chaises, mais on se sert plus communément pour ces usages de maroquin ou de basane.

DU VEAU D'ANGLETERRE.

108. Les veaux qu'on nomme d'Angleterre se font comme les vaches de la même espèce. On a soin de choisir des peaux de bonne qualité, et on les travaille absolument comme les précédentes jusqu'au moment où l'on met le suif. Comme on doit faire en sorte de ne pas gâter ou plutôt de ne pas tacher les peaux de cette espèce, on leur donne le suif sur chair, et on en donne peu, parce qu'il pourrait pénétrer le cuir en entier s'il était mis en trop grande quantité.

109. Les veaux forts se corroient en blanc et servent pour les empeignes de gros souliers ; les petits veaux, au contraire, sont employés par les cordonniers pour les souliers plus délicats. Autrefois on en passait en blanc pour faire des passe-talons ; mais comme, depuis plus de trente ans, on ne met plus de talons aux souliers de femme, le veau de cette façon devient inutile.

110. On prépare le veau blanc absolument comme le veau noir. Quand on l'a mis en huile, et qu'on l'a décrassé à fond, on le déborde, on le pare de cul en tête, et on le roule jusqu'à ce qu'il soit bien doux. L'ouvrier foule deux veaux à la fois, et pour maintenir la propreté, il les met chair contre chair. Quand les peaux sont foulées, on les rebrousse, et on les traverse à la lunette ou avec le couteau à revers, pour bien unir le côté de la chair et pour réparer les défauts qui seraient encore restés après le parage de cul

en tête; enfin on termine le travail en tirant les peaux au liége.

On pourrait, pour mieux développer le veau, le mouiller à moitié, et le corrompre de queue en tête, de travers et de différents sens; on suivrait ensuite le travail indiqué ci-dessus.

111. On doit apporter beaucoup de soin dans le travail des veaux, car comme ils sont tendres et délicats, on peut facilement, en les pelant ou en les travaillant de rivière, gâter la fleur et même la déchirer, ce qui est une perte véritable pour le fabricant; car les veaux ainsi détériorés ne peuvent plus servir qu'à graisser ou à être mis en chamois.

Quand on a des veaux mort-nés, ils sont ordinairement petits; pour n'avoir pas la peine de les peler, on se contente de les passer dans le coudrement, et ensuite on les met en fosse pendant quelque temps, puis on les passe comme les autres.

112. On distingue chez les cordonniers deux sortes de veaux, les uns qu'on nomme veaux tournés, et les autres veaux à cirer. Les veaux tournés sont les veaux à l'huile : les cordonniers les emploient la fleur ou le côté du poil tourné en dehors. Le veau à cirer, au contraire, qui est ce qu'on nomme autrement le veau blanc en huile, s'emploie la fleur en dedans et la chair en dehors. Les cordonniers qui ne l'employaient autrefois que pour des souliers de rouliers, etc., le noircissaient eux-mêmes; mais on fait maintenant du veau ciré d'une autre manière, et c'est de ce dernier dont nous allons parler.

DU VEAU CIRÉ.

113. Ce n'est que depuis trente-cinq à quarante ans

qu'on connaît le veau ciré : on ne s'en est d'abord servi que pour des tiges de bottes, mais cette espèce de cuir a été perfectionnée de manière à ce qu'on s'en est ensuite servi pour des empeignes de souliers; enfin l'usage en est devenu si général que, pour les tiges de bottes, les souliers d'homme et même ceux de femme, on ne se sert plus que de veau ciré, ou bien de cheval apprêté de la même manière.

114. Pour faire des veaux cirés, on les prend en croûte, et on coupe la tête et les bouts des extrémités, comme n'étant pas propres à être cirés. Après cette première opération, on mouille les peaux, on les écharne, et on les laisse jusqu'au degré de force qu'on veut leur donner, ayant soin d'égaliser la gorge qui est toujours la partie la plus forte du cuir; ensuite on foule les peaux à l'eau avec des pilons, dans un tonneau, puis on les étend sur un marbre, d'abord de chair avec une pierre qu'on nomme la *queurse*; on les retourne après cela la fleur en l'air, et on les pierre sur la fleur comme sur la chair. Cette opération terminée, on lave les peaux sur fleur, on y passe un coup d'étire, et on les met essorer. (Plusieurs corroyeurs prétendent que pour cette opération il suffit que les peaux aient perdu leur plus grande humidité, et qu'on ne doit pas les laisser sécher à moitié.) Quand elles sont à moitié sèches, on les retient sur la table du côté de fleur, comme au met-tage au vent, avec la pierre et l'étire ; ensuite on les met en huile sur fleur et sur chair, sur fleur seulement avec de l'huile de poisson qui doit être claire, et sur chair avec de l'huile et du dégras mêlés ensemble. (Quelques corroyeurs mettent sur fleur une préparation d'huile et de suif mêlés ensemble.) On a soin que ce mélange soit assez épais pour ne pas couler. Pour conserver, en été, au corps gras la densité nécessaire, on est parfois obligé d'y mêler du suif.

C'est donc au corroyeur à juger, d'après la saison et la température de l'air, de la manière dont ce mélange doit être fait. Quand les peaux ont été mises en huile, on les fait sécher entièrement; ensuite on les décrasse de chair, ce qui se fait, avec une étire ardente, sur un marbre ou sur une table bien unie. Après ce travail, on corrompt les cuirs de queue en tête, on les rebrousse des deux quartiers, et on les blanchit avec le couteau à revers sur un chevalet droit; on les dresse ensuite au liége, de travers, puis on les cire.

La cire dont on se sert se fait avec du noir de fumée, de l'huile de poisson et du suif, le tout mêlé ensemble quand le suif est fondu. On a soin que ce cirage ne soit ni trop clair, ni trop épais, c'est à dire qu'il ait une consistance moyenne : on met ordinairement deux tiers d'huile et un tiers de suif : dix-huit livres de corps gras de cette espèce peuvent comporter une livre de noir de fumée. Le tout doit être bien battu ensemble.

115. Ce cirage s'étend à froid avec une brosse du côté de la chair. On doit avoir grand soin de l'étendre d'une manière égale, et faire en sorte que le cuir soit bien noirci dans toutes ses parties; il faut aussi prendre garde d'en mettre trop, parce qu'alors le corps gras pourrait pénétrer la peau en totalité et la rendre malpropre. Lorsque les peaux ont été cirées de cette manière, on les met étalées sur une table, on passe la main dessus, à plat, afin d'unir les endroits où le cirage pourrait être un peu trop épais; ensuite on donne un coup de brosse pour faire disparaître tout le superflu du cirage qui pourrait être resté sur les peaux.

116. Tandis que le cuir est sur la table, on y applique un second cirage qui est fait avec du suif et de la colle de peaux, le tout bien broyé ensemble : on met un tiers de

uif et deux tiers de colle. Ce second cirage s'étend également sur la chair à froid et avec une brosse. Il est bon de passer de nouveau la main à plat sur ce cirage, afin de l'égaliser partout; on peut aussi faire cette opération avec un tampon de chiffons, et, quand elle est terminée, on donne sur toute la peau un coup de lisse de verre. Enfin on donne un dernier cirage qui n'est rien autre chose que de la colle de peau pure et bien broyée. On étend cette colle sur la peau avec une éponge, vivement et d'une manière bien égale, observant de n'en mettre que le moins épais possible; ensuite on étend les peaux pour les faire sécher, ayant soin de ne point les exposer au soleil, mais de les mettre à l'air seulement. Quand les peaux sont sèches, elles sont entièrement achevées.

DU VEAU GRENÉ.

117. Pour faire du veau grené, on prend, comme pour le veau ciré, des peaux en croûte; on les mouille, on baisse les têtes bien également, on crépit les peaux de queue en tête, on les butte sur la table avec l'étire, on les foule dans un tonneau avec des pilons, on les étend sur le marbre, d'abord de chair, et ensuite de fleur, afin de bien abattre le grain naturel du veau; après cela, on les met ressorer jusqu'à ce qu'elles soient sèches au tiers, puis on leur donne un noir ordinaire. Quand elles sont noircies, on les retient, et on les met en huile de fleur et de chair : cette opération est absolument la même que celle qui a lieu pour le veau noir ordinaire. Quand les peaux sont en huile, on les fait entièrement sécher, et on les dégraisse avec de la lessive ou de l'eau de potasse; on leur donne ensuite un petit coup

d'étire sur la fleur, seulement pour l'affranchir, puis on le imprime.

118. Pour imprimer une peau, on la met sur la table, la chair en l'air et la fleur en dessous; on prend une pommelle fine, c'est à dire qui doit avoir de douze à seize dents au pouce, en ayant égard à la force du veau; on imprime le veau des deux quartiers en le rebroussant avec cette pommelle en contre sens, et en laissant toujours le coup de pommelle en l'air. Rebrousser le veau des deux quartiers, c'est le prendre de la pate de derrière à la pate de devant. Par ce moyen, on fait sur la peau une rayure directe et uniforme; ensuite, pour former un grain d'orge, on prend la peau d'un travers à l'autre. Il est des corroyeurs qui prennent la peau en long ou de queue en tête, au lieu de la prendre en travers. On sent qu'il serait facile de donner au cuir des grains de différentes espèces ou de différentes formes, en l'imprimant toujours sur des sens contraires.

119. Après avoir imprimé le veau, on lui donne un second noir, et quand il a entièrement bu ce noir, on le charge une seconde fois d'huile et de dégras, en proportionnant la nourriture au besoin du cuir; on le fait ensuite sécher, et quand il est sec, on le corrompt en suivant le même sens que celui dans lequel il a été imprimé; ensuite on le rebrousse, on le déborde sur le chevalet, et on le pare à la lunette, entre deux chairs. Cette opération terminée, on le redresse légèrement et toujours dans le sens où il a été imprimé; on le charge légèrement d'huile claire sur la fleur, et l'opération est terminée.

On pourrait aussi faire le veau grené avec des peaux sèches d'huile au lieu de les prendre en croûte.

Un bon ouvrier fait dans sa journée au moins huit veaux de trente-six à quarante livres la douzaine.

DES VEAUX A BRETELLES.

120. Quand on veut faire des veaux à bretelles, on prend les peaux en croûte dont on coupe les têtes et les extrémités; on les mouille, on les draye sur le chevalet avec le couteau à revers, ayant soin de mettre la gorge et la culée à égalité avec l'épaule; ensuite on les foule dans un baquet, on les met au vent de chair et de fleur, puis on les passe légèrement en huile; on met sur la fleur de l'huile de lin, et sur la chair un composé d'huile de poisson et de suif, dans lequel ces deux corps gras entrent chacun pour moitié. Quand les peaux sont en cet état, on les fait sécher, puis on leur donne un coup d'étire sur chair pour les affranchir et les dégraisser, et enfin on leur passe un coup de lisse serré sur la fleur pour les éclaircir. Si on veut leur donner du grain, on les imprime comme le veau grené.

DES VEAUX D'ALUN A L'USAGE DES RELIEURS.

121. Nous prévenons nos lecteurs que, n'ayant pu nous procurer aucuns renseignements positifs, ni aucunes connaissances nouvelles sur la manière de fabriquer les veaux de cette espèce, nous nous sommes décidés à copier textuellement l'article inséré dans le traité de M. Delalande.

Suivant ce savant, l'art de préparer les veaux d'alun était autrefois une espèce de mystère connu seulement à Verneuil et à l'Aigle, et ce ne fut qu'avec beaucoup de peine que deux fabricants distingués de Verneuil se décidèrent à rendre publique la méthode que nous allons donner.

122. On croyait jadis que peu d'eaux étaient propres à fabriquer les veaux d'alun, et on poussait même, à cet

égard, les choses si loin qu'on avait fini par être persuadé que l'eau de la rivière d'Iton était la seule avec laquelle on pût faire des veaux d'alun; c'est pourquoi on avait en quelque sorte détourné son cours pour en faire passer un bras à Verneuil. Nous prouverons combien était grande une semblable erreur.

123. Pour faire des veaux d'alun on choisit des veaux mort-nés et autres petits veaux qui sont d'un bas prix; on les prend quand ils sont secs, et on prétend que, par la suite, ils en sont mieux travaillés de rivière, plus abattus et plus souples. On a soin d'examiner d'abord s'ils ne sont point rongés par les insectes qu'on appelle *calandres*, qui font des sillons sur la fleur et endommagent considérablement ces peaux. On met à part celles qui en sont attaquées pour les employer les premières.

En les ouvrant, on a soin de les battre fortement avec une baguette, pour faire tomber la poussière et les insectes; on les met ensuite dans un lieu où il n'y a ni trop de chaleur, ni trop d'humidité. En été, on bat ces peaux toutes les semaines; plus rarement en hiver.

124. On travaille à la fois treize douzaines de peaux, qui font un cent et demi avec les quatre pour cent qu'on a coutume de mettre par-dessus : cela fait une cuvée et deux chippées, et s'appelle, à Verneuil, *une auvergnée*, parce que le coudrement dans lequel on les passe s'appelle *l'auvergne*.

125. Pour faire revenir ces peaux sèches, on les met dans une *échange*. C'est une fosse ovale, creusée dans la terre, qui a dix ou douze pieds de long sur trois ou quatre de large et six de profondeur, qui reçoit l'eau par une ouverture ovale d'environ un pied et demi de hauteur, mais assez étroite pour empêcher les peaux de sortir de l'échange.

L'eau s'écoule par une autre ouverture semblable. Les peaux restent dans l'échange deux ou trois jours en été, et six à sept en hiver. Quand on les retire, on les met en tas, et le lendemain on les casse, c'est à dire qu'on les ouvre sur le chevalet, du côté de chair, avec un couteau qui ne coupe point; on a soin de meurtrir, c'est à dire de donner de la souplesse aux têtes qui sont plus épaisses que le corps.

126. Après ce premier travail, on les remet à l'eau pendant deux jours, et on les retire pour faire encore une semblable opération. S'il s'en trouve qui ne soient pas assez ramollies, on les remet dans l'échange une troisième fois, pour un jour, et on les casse de nouveau. Toutes ces opérations se font pour les rendre aussi molles que si elles venaient d'être levées de dessus le corps de la bête, après quoi on les met au plain. C'est un trou creusé en terre de la profondeur de quatre à cinq pieds, suivant le besoin, et large à proportion; on y met quarante à cinquante seaux d'eau; on y verse un tonneau de chaux qu'on laisse éteindre; douze à quinze heures après, on les remue avec un bouloir, qui n'est autre chose qu'un maillet emmanché d'une perche; on y remet encore de l'eau, on la remue encore pour y renverser les peaux qui sont en état d'être mises en plain neuf, c'est à dire qui sont les plus avancées : on les prend les unes après les autres; un ouvrier les enfonce avec une perche à mesure que l'autre les tire de la pile; on les laisse dans le plain un jour entier, et quelquefois plus, suivant le besoin; à mesure qu'on les retire, on les met en retraite, c'est à dire en pile, bien déployées, et de façon que les têtes se trouvent toujours sous les queues. Les peaux dont nous avons parlé, et qui viennent d'être cassées, se mettent dans un plain le plus usé; le jour suivant,

on les met en retraite, puis on les fait passer dans d'autres plains moins usés, et ainsi de suite, jusqu'à ce qu'elles se pèlent facilement.

127. Lorsque le temps est venu de les peler, on les met dans le bon plain, sans remuer la chaux, pour les y laver, pour en ôter la chaux dont elles sont chargées, ensuite on les transporte à la rivière pour les laver en grande eau et les peler tout de suite, en observant de séparer la bourre blanche d'avec la rouge, parce que la première est bien plus chère. On les met dans une échange pendant la nuit; on met une grande perche en long, grosse comme la jambe; aux deux bouts de cette perche sont deux chaînes qui sont attachées à deux gonds, et qu'on hausse et baisse pour poser et retirer les peaux qui ont été pelées, et qu'on y laisse tremper la nuit.

128. Quand les peaux ont pris l'eau, on les retire à mesure que l'égorgeteur en a besoin pour les mettre sur le chevalet, la tête en bas, et les égorgeter. On se sert pour cela d'un couteau fort tranchant : on écharne jusqu'au vif et de façon que le côté de la chair se distingue à peine de celui de la fleur; on rogne beaucoup plus que dans tous les autres travaux de rivière; on amincit la gorge et la tête de manière qu'elles soient aussi minces que le reste de la peau, en coupant aussi les oreilles, les queues et autres extrémités. Ces parties superflues servent à faire de la colle. Après cette première opération, on remet les peaux à l'eau, le soir dans l'échange, et le lendemain on les écharne sur un chevalet avec un fer beaucoup moins tranchant que celui dont on vient de parler, afin d'en faire tomber toutes les chairs, après quoi on les remet à l'échange. Le lendemain matin, trois ouvriers les mettent une troisième fois sur ces chevalets pour leur donner une façon sur la fleur, et en faire

...rtir la chaux. Dès les huit heures du matin cet ouvrage
...t fini , et pendant qu'on y travaille , un quatrième ouvrier
...it du feu avec des mottes , sous une chaudière de cuivre ,
...ur faire chauffer de l'eau et aluner les peaux.

129. Pour aluner, on met dans une grande cuve trois ou
quatre seaux de merde de chien ; lesquels trois ou quatre
seaux ne font guère que deux seaux de porteur d'eau de Paris. Cette merde de chien se nomme alun ; si l'on en manque on y mêle de la fiente de poule ; elle est trop vive , et
on s'en sert avec précaution ; sur cette merde de chien on
jette un grand seau d'eau pour le détremper , après quoi
l'ouvrier entre dans la cuve, et avec ses sabots, il la délaie, et
y verse de l'eau jusqu'à moitié de la cuve. L'aluneur de son
côté , verse l'eau de sa chaudière dans cette cuve et la mêle
avec l'eau froide; après quoi ils jettent les peaux, les remuent et les retournent pendant quelques moments avec de
grands bâtons ; cela fait, on reprend l'eau de la cuve pour
la faire chauffer dans la chaudière , et on laisse les peaux
une heure dans la cuve. On les range ensuite dans un coin
de la cuve et on les retient par le moyen de deux bâtons en
croix ; on tire l'eau de la chaudière , seau à seau, on la met
dans le vide de la cuve en la remuant bien pour la mêler
avec la froide , et empêcher qu'elle ne brûle les peaux.
Quand l'eau a acquis le degré de chaleur convenable dans
la cuve, on lève les croix de quartier pour remuer et tourner les peaux avec force , jusqu'à trois reprises.

130. Après avoir tourné les peaux dans cette espèce de
coudrement, on reprend une seconde fois l'eau de la cuve
pour la faire chauffer dans la chaudière, et après une pose
d'environ une demi-heure, l'aluneur les tire de son côté et
remet la croix de quartier derrière les peaux, afin de les jeter dans le vide à mesure qu'il les manie et les fait bouffer;

il examine celles qui sont les plus minces, il voit le progrè
qu'elles ont fait, et donne l'eau chaude à proportion qu'
en voit d'avancées. On met l'eau chaude avec beaucoup d
circonspection ; on enfonce le bras au fond de la cuve pour
connaître le degré de chaleur ; on remet encore un seau ou
deux d'eau chaude, et levant la croix de quartier, on les
tourne vivement ; on remplit toujours la chaudière, et l'on
met le bras dans la cuve de temps en temps, pour savoir si
l'eau refroidit. En été on a plus de mesures à prendre qu'en
hiver.

131. Un quart d'heure après, l'ouvrier ramasse les peaux
à son bord, met la croix de quartier, et les examine avec
attention en les faisant bouffer, en les développant en long
et en large ; et quand on voit qu'elles se prêtent et s'alon-
gent bien, et qu'elles sont comme prêtes à fondre, il juge
alors qu'il est temps de les retirer, il en tire pour cette première fois, une ou deux douzaines, qu'il met dans des
seaux, après quoi il vide l'eau chaude comme ci-dessus, et
les tourne trois à quatre fois ; il remplit la chaudière un
quart d'heure après, il les attire vers lui, met la croix, et il
en retire du coudrement un plus grand nombre ; s'il en
avait laissé de celles qu'il a tirées la première fois, ou qu'il
en laissât de celles qui sont prêtes, elles seraient en danger
de fondre et de faire fondre celles qui sont avancées, sans être
même à leur dernière perfection. C'est ici que toute l'attention
de l'ouvrier est nécessaire ; comme les peaux sont plus difficiles
à passer les unes que les autres, il arrive que les unes sont
prêtes tandis que les autres sont bien éloignées de l'être ; il
faut quelquefois six ou sept heures pour que les plus fortes
soient alunées, ce qui oblige de répéter les mêmes opérations en augmentant toujours la chaleur jusqu'à la fin. A
mesure qu'il s'en trouve de prêtes, on les met sur le cheva-

et on les foule avec le fer par-dessus la chair pour les
longer et les nettoyer; s'il s'en trouve sept à huit de trop
fermes, on les laisse dans la cuve, tandis qu'on coule les
autres.

132. Lorsque tout a été tiré de la cuve, on en fait sortir
l'eau par la bonde; et après l'avoir bien lavée, on la remplit
d'eau de rivière, jusqu'à moitié; on y lave les mêmes
peaux les unes après les autres, et on les tourne par trois
reprises avec les bâtons, toujours dans la même eau où
l'on met une corbeille de tan, après quoi on les retourne
encore trois fois; cela fait, l'aluneur les attire à lui, les repasse en les maniant et les faisant bouffer pour ôter les
taches du tan; il les tourne trois fois dans la cuve où il les
laisse.

133. Le lendemain la couturière vient lever ces peaux,
et les met égoutter sur des planches; après quoi elle les
transporte à son laboratoire où elle les prend les unes après
les autres, pour examiner et recoudre avec une aiguille ordinaire, les petits trous qui se sont formés dans les peaux
par les coutelures des bouchers, ou par le fer de l'égorgeur,
qui, en enlevant les deux tiers de leur épaisseur, est souvent exposé à entamer la peau, elle coud ensuite le corps
de la peau, en forme d'outre, excepté la culée, de manière
que la chair est en dehors; elle prend pour cela un petit
carrelet fait exprès et plat par la pointe, et avec un gros fil
double, elle prend un côté de la peau à deux lignes du
bord, et l'autre à près de six lignes; elle rabat celui-ci sur
le premier en forme d'ourlet, roulé sur lui-même, mais
sans le serrer, pour laisser à l'eau la liberté de se retirer
doucement; car en serrant trop sa couture, il se formerait
tout autour une manière de corne noire; l'auvergneur les
retourne, et met dans chaque peau une quantité de tan pro-

portionnée à sa grandeur. Après quoi la couturière ferme la culée jusqu'auprès des pates, afin de donner entrée à la douille de cuivre d'un entonnoir de bois. L'auvergneur transporte les peaux remplies de tan, auprès de la cuve, et jette les peaux qui ont été précédemment dans la cuve, sur un râtelier, pour les découdre. La cuve doit être à moitié pleine d'auvergne, qui n'est autre chose qu'une eau que l'on tire d'une autre cuve dans laquelle on a vidé les peaux; on jette le tan dont on les avait remplies auparavant, pour tirer au clair l'eau de cette cuve, qui est ovale ainsi que les deux autres; on met une porte à un bout pour former un vide, pendant que le reste de la cuve est plein de tan, et l'on tire l'eau qui se filtre à travers le tan et que l'on fait chauffer dans une chaudière avant de la verser dans la cuve où l'on doit chipper ou auvergner, comme l'on dit à Verneuil.

134. Lorsque l'eau que l'on a vidée de la cuve au tan dans la chaudière est suffisamment chaude, on la verse dans cette même cuve où l'on doit auvergner : mêlée avec l'eau froide qui était dans la cuve, elle ne forme plus qu'une eau tiède. L'ouvrier prend une de ces peaux, et, par le moyen de son entonnoir, il y met un petit seau d'eau, la lie avec un petit cordon de peau qu'on a laissé sur les queues à cet usage ; et quand il a fini de les remplir de la même quantité d'eau, il les laisse reposer pendant une heure ; en attendant, il fait chauffer d'autre eau qu'il tire de la même cuve dont il avait tiré la première, il met un râtelier à un bout de la cuve pour séparer et retenir les peaux, et les prend en les passant par-dessus le râtelier, pour les emplir le plus qu'il peut, par le moyen de son entonnoir et de son petit seau, et il les lie bien pour que l'eau se filtre tout doucement à travers les coutures; cette opération fait enfler les

...aux comme des ballons, et elles forment une pyra-
...de dans la cuve. On répète cette opération une troi-
...ème fois en les laissant reposer une heure à chaque fois,
... en donnant toujours un nouveau degré de chaleur. Il
...ut avoir égard au degré de plain que les peaux ont eu,
...est à dire donner moins de chaleur à celles qui ont plus
...e plain, et beaucoup de chaleur à celles qui ont eu peu de
...lain ; mais cela demande beaucoup d'expérience dans l'au-
...ergneur.

135. Le lendemain on fait la même opération dans une
troisième cuve, pendant qu'on laisse dans leur cuve les
peaux de la veille se nourrir du tan dont elles sont pleines.
Le surlendemain, on lève toutes les peaux de la première
cuve que l'on fait égoutter sur un râtelier qui est soutenu
par deux espèces de petits chevrons appuyés sur les bords
de la cuve. Quand elles sont égouttées, on les jette sur le
râtelier de la cuve où l'on doit les découdre et les vider de
leur tan ; et à mesure qu'on les découd, on les plie la chair
en dedans, pour les porter ensuite au bord de la rivière où
on les lave par-dessus la fleur ; un autre ouvrier les prend,
et les pose en travers sur un tréteau où on les laisse égoutter, après quoi on les porte dans des hangars faits exprès;
on les ouvre par les deux pates de derrière, et on les pend,
la tête en bas, à des clous éloignés de six pouces l'un de
l'autre.

136. Lorsqu'elles sont bien sèches, on en fait des piles,
et on les y laisse jusqu'au temps où on les envoie à Paris.
Quand le moment de l'envoi est venu, si c'est en été, on
les jette tout au travers des halles pour leur faire prendre la
rosée, et dès le grand matin les ouvriers les prennent pour
les dresser, c'est à dire les passer sous le sabot, afin d'a-
battre les coutures, de les tirer de tous sens, et de les rendre

souples comme des gants. Pour les mettre en sixains, on fait douze ou quinze sortes de différentes grandeurs, qu'on réduit à six, afin que les plus grandes soient dessus et dessous le sixain, qui est attaché par les têtes avec de la ficelle et deux attaches pour les retenir. Pour finir les peaux sèches en poil, au moyen de toutes les opérations précédentes jusqu'au point de les mettre en sixains, il faut six semaines en été ; mais en hiver, il en faut au moins huit.

137. On a dû être surpris de voir le nom d'*alun* donné à un confit de chien ; sans doute qu'autrefois on les passait en alun, et que l'on aura conservé le nom d'un travail oublié.

138. Nous avons dit qu'au défaut de crottes de chien, on s'est servi quelquefois de fiente de poules qui produit presque le même effet ; cette matière abat la peau, la corrode, l'amincit, empêche que le grain ne se forme ensuite à la fleur ; les peaux ainsi alunées sont si minces qu'on les prendrait pour une toile légère, et qu'on voit le jour au travers. Pour peu qu'un ouvrier se néglige, que l'eau soit trop chaude, ou qu'on y laisse les peaux trop long-temps, elles sont tellement altérées, que les parties minces se déchirent ensuite, ou dans l'auvergne ou chez le relieur.

139. Le tonnerre et les brouillards nuisent à ces sortes de peaux, et on tâche de les travailler, autant qu'il est possible, dans le printemps et dans l'automne.

On passe de la même manière les peaux de porcs, pour couvrir de grands livres d'église ; ce sont les plus dures de toutes.

Les basanes ou moutons tannés qui servent aux relieurs, ne sont point alunés comme les veaux ; ils n'ont besoin que du plain et de l'auvergne : le travail est à peu près le même que celui des veaux. Il y a des basanes chippées et des ba-

...es de couche; les premières sont cousues tout autour ...si que les veaux; les autres ne se cousent point comme ...ns le chippage ou coudrement que nous avons expliqué.

140. Les tanneurs de Verneuil et de l'Aigle, comme ...us l'avons déjà dit, sont persuadés que la qualité de leurs ...aux d'alun, vient de la qualité de l'eau de leur pays qui ...t molle et battue : cependant on en fait dans les environs ... ces deux villes qui sont aussi bonnes que les leurs. Quel-...es tanneurs de Paris ont fait des essais qui n'ont pas ...ussi ; cependant il est certain qu'on parviendrait à faire de ...nnes peaux en ce genre, même à Paris ; il ne faudrait ...ur cela que quelques expériences.

141. Quand le relieur veut employer les veaux d'alun à ...ouvrir des livres, il les trempe dans l'eau, les tord, les ...tisse sur une douve ou planche convexe, en forme de ...evalet, avec une *dague*, qui n'est qu'une lame de sabre ...deux manches. La dague ne coupe point, mais elle étend ... peau, l'amincit, la nettoie, et en ôte le tan qui pourrait ...rester attaché, comme le butoir des corroyeurs.

142. On taille la peau par morceaux de grandeur conve-...able ; on étend ces morceaux sur une pierre bien polie ...our les parer, c'est à dire enlever une couche du côté de ...hair sur les bords et dans les endroits qui sont trop épais. ...e *couteau à parer* est fait et emmanché à peu près comme ...e ciseau d'un menuisier ; mais il est fort tranchant, très ...ince, et on le promène obliquement sur la peau ; les têtes ...u les parties les plus épaisses ont surtout besoin d'être ...arées. Le relieur remplit dans cette opération les fonctions ...e corroyeur.

...Il se fabrique maintenant peu de veaux d'alun ; on en ...rouve cependant chez les corroyeurs et chez les marchands ...e cuir ; mais les relieurs en emploient fort peu ; ils se servent beaucoup plus ou de basanes ou de petits veaux qui sont préparés à Vassy, en Normandie, et qui sont envoyés de là à Paris.

DES VEAUX POUR CARDES.

143. Les veaux pour cardes se préparent absolument de la même manière que ceux à bretelles; seulement on a soin de choisir des peaux très fortes, et, avant de les corroyer, on les baisse à l'égalité du collet.

DES VEAUX A CYLINDRE.

144. Le veau à cylindre se prend en croûte, et se prépare comme le veau à bretelles : on le choisit ordinairement très mince, et cependant, quelque mince qu'il soit, on le baisse encore, ayant soin de le faire uniformement et de manière à ce que la peau soit bien égale partout. L'ouvrier instruit dans son art doit savoir que ces veaux, à cause de leur peu d'épaisseur, doivent supporter moins de nourriture que ceux qui sont plus forts. C'est la seule différence qui se trouve entre les veaux de cette espèce et ceux à bretelles ou pour les cardes.

MANIÈRE DE PRÉPARER LES TIGES POUR LES BOTTES A L'ÉCUYÈRE.

145. Pour préparer les tiges qui doivent servir à faire des bottes à l'écuyère, on prend des vaches en croûte de la pesanteur de vingt à vingt-quatre livres : on ne peut dans chaque vache prendre plus de deux paires de tiges. Ces tiges doivent avoir vingt-deux pouces de hauteur sur seize

dix-huit de largeur ; la partie de la tige qui doit servir pour la jambe se draye avec soin, et ne se baisse pas ; mais le bas de la tige on laisse une partie d'environ cinq pouces de hauteur, qui doit servir à faciliter le mouvement du pied ; cette partie devant être baissée et réduite à une force moyenne a besoin d'être nourrie d'huile et de dégras, comme le veau, afin de devenir plus souple et plus moelleuse ; quant au reste de la tige, il doit être raide et sec. Les tiges de cette espèce se mettent au vent de chair et de fleur, avec l'étire et la pierre par-dessus ; ensuite on les met en huile, et on les fait sécher ; on ne met de l'huile que sur la fleur. Tout le haut de la tige, tel que nous l'avons décrit plus haut, reste en blanc, et est livré en cet état au bottier qui le noircit et lui donne le luisant ; mais les cinq pouces du bas devant servir aux mouvements du pied sont noircis et cirés par le corroyeur. Il est des corroyeurs qui livrent aux bottiers les tiges entièrement en blanc.

MANIÈRE DE CORROYER LES PEAUX DE CHEVAL.

146. Quand on veut corroyer des peaux de cheval, on les prend en croûte, et on a soin de les choisir bien saines de fleur ; on en coupe les culées au-dessus de la hanche, les bouts des pates, le nez et la crinière, toutes ces parties n'étant pas propres à être corroyées ; puis on mouille les peaux ainsi rognées, on les écharne au couteau à revers, on les fend d'abord par le milieu, et ensuite on partage chaque côté en deux, ce qui fait quatre morceaux pour un cheval : on draye les peaux bien également, on les met au vent de fleur et de chair, ensuite on les fait ressorer, puis on les met en huile de la même manière que les veaux grenés (n° 117). On les dégraisse par la chair avec une étire,

et on les mouille de fleur avec de la lessive ou de l'eau de potasse; après cela on les met en noir, et, sans désemparer, on leur donne un second noir; ensuite on les retient sur le marbre, d'abord avec une pierre, puis avec l'étire. Avant de retenir les peaux, on enduit la fleur de suif; cette opération terminée, on les recharge de fleur si la chose est nécessaire, et on les fait sécher. Quand les peaux sont sèches, on les essuie de fleur avec un chiffon de laine, on les blanchit, on les rebrousse légèrement, on leur donne un coup de lisse sur la fleur, la chair étant sur le marbre, et enfin on les termine en passant sur la fleur, pour les éclaircir, une colle de peau, telle que celle dont on se sert pour le veau ciré (n° 116), et on l'applique de la même manière.

147. Comme nous l'avons déjà dit (n° 113), les plus belles tiges de bottes, les empeignes des souliers les plus délicats, sont faits maintenant avec de la peau de cheval.

DES PEAUX DE CHÈVRE.

148. Les peaux de chèvre étant plus faibles que celles de veaux, demandent à être travaillées avec plus de douceur et de ménagement, et cependant elles exigent plus de travail.

Comme il s'est opéré différents changements dans la manière de corroyer les peaux de cette espèce, nous commencerons par donner l'ancienne méthode telle qu'elle est décrite dans le traité de M. Delalande, ensuite nous donnerons la méthode adoptée maintenant par les corroyeurs de Paris.

149. Les chèvres se tirent, à Paris, du Limousin, de l'Auvergne, de la Franche-Comté, de la Suisse et de la Provence; on les tanne, dit M. Delalande, avec le redoul;

nd elles sont tannées on les appelle *maroquin en basane,*
and on veut corroyer des chèvres, on les met tremper
gt-quatre heures dans un tonneau, puis on les foule aux
ds trois à trois; on les recoule sur le chevalet avec un
oir sourd, sur chair seulement; quand elles sont pres-
e sèches, on les met en huile et en dégras. Une douzaine
chèvres prendra six à huit livres d'huile quand elle pèse
-huit à vingt livres. Après avoir mis les chèvres en huile,
les foule avec les pieds, on les travaille avec des pom-
elles moins fortes que celles dont on se sert pour les
aux; on les décrasse en les foulant.

150. On dégraisse les peaux de chèvres avec de l'eau de
otasse et une brosse; un quarteron de potasse bouillie dans
ux seaux d'eau sert à dégraisser six douzaines de chèvres.
e sel alcalin dissout l'huile superflue et enlève la crasse
ue l'huile avait laissée sur la fleur de la peau; cela adoucit
t éclaircit la fleur; on crépit ensuite de cul en tête et de
avers, la fleur en dessus, la pommelle sur chair, ce qui
onne le grain à la peau.

151. Avant de mettre en noir les peaux de chèvres, on
s espare, c'est à dire qu'on les étend sur la table, et qu'on
s frotte avec du jonc pour adoucir la fleur qui naturelle-
ent est dure et rude. L'espare est la plante appelée, dans
line, *spartum;* on en roule une poignée, et on en frotte
peau, ce qui l'étend, la dresse, et l'adoucit.

152. Après avoir esparé, on donne aux chèvres une
ouche de noir, on les met sécher, on leur redonne un se-
ond noir, on les laisse boire ce noir quelques heures, on
et une couche de bière et de vinaigre pour sécher et
claircir la fleur, on espare une seconde fois, on remet à
air. Quand les peaux sont sèches, on les foule, on les cor-
ompt des quatre quartiers sur chair, on les rebrousse

sur fleur, on les essuie et on les éclaircit avec du lustre.

153. Pour lustrer les chèvres, on les frotte d'abord avec une lisière trempée dans le pot de lustre, on secoue le morceau de lisière de drap en trois ou quatre endroits de la peau, et ensuite on en frotte toute la surface. On abat le lustre, c'est à dire qu'on frotte avec une espare, des deux mains, à force de bras, en tous sens et long-temps, pour que le lustre soit plus vif; enfin on éclaircit la peau en frottant avec la même lisière sans la tremper dans le lustre.

154. Après avoir lustré les chèvres, on les déborde et on les pare à la lunette. Il y a des provinces où l'on ne pare point la chair avec la lunette, mais avec une pierre-ponce emmanchée comme une pommelle, et on se sert aussi de pierre-ponce pour couper le grain à la place de la pommelle.

155. Après avoir paré les chèvres, on les redresse avec la pommelle de cul en tête et de travers, pour faire le grain, mais très légèrement, afin de ne point les ternir; on les essuie, on les recharge avec de l'huile de lin qui fonce le noir et conserve la clarté. Il faut bien observer que si l'on manque le premier noir, faute d'avoir bien dégraissé la peau, ou par quelque autre inattention, la peau ne peut jamais être belle.

On ne peut guère mettre en noir et décrasser que dix-huit ou vingt chèvres par jour. Nous ne parlons que du premier noir : quant au second noir, on peut le donner, en moins d'une heure de temps, à deux douzaines de chèvres.

156. Les chèvres en huile pèsent environ dix-huit livres la douzaine; on en trouve cependant qui pèsent quarante livres la douzaine, mais elles ne sont pas communes. On prétend qu'il en est parfois qui pèsent six livres la pièce;

eaux de ce poids ne pourraient être que des peaux de
es.

es chèvres qu'on veut mettre en suif n'ont pas besoin
'huile et du dégras : si on en met en suif à Paris, il est
tant qu'on en met très peu. Les peaux de chèvre ser-
à faire ce qu'on appelle le maroquin, mais ce travail
partient pas au corroyeur.

57. Les chèvres arrivent à Paris, à présent comme au-
ois, du Limousin, de la Provence, et pour les corroyer,
commence par leur donner un vent d'eau, c'est à dire à
mouiller légèrement avec une brosse ; quand elles sont
ectées, on en plie deux ensemble, et on leur donne un
p de talon ; on les crépit ensuite de queue en tête et de
vers ; on a soin de mouiller la fleur avec de la lessive ou
'eau de potasse. Cette lessive se prend avec une brosse,
'étend avec cette même brosse sur la fleur. On doit avoir
lus grande attention à ne pas trop mouiller la peau.

58. Quand la chèvre a été crépie, on lui donne un bon
p d'étire sur chair, de queue en tête, en poussant le
r de tout sens ; ensuite on le met au vent de fleur, c'est
ire qu'on y passe un peu de lessive ou d'eau de potasse ;
lui donne ensuite un coup d'espare ou de jonc, afin de
endre et la décrasser, puis on l'étend encore avec l'étire
avec un valton, suivant l'usage du pays ; la peau étant
n étendue, on l'essuie soigneusement avec des chiffons
laine, et on la met en noir ; on se sert ou simplement
n noir de couperose, ou d'une décoction de noix de
le dans laquelle on fait dissoudre de la couperose. Quand
peaux ont été mises en noir, on les laisse reposer sur la
le ou par terre, jusqu'à ce qu'on en ait six dans le même
t, on les retourne afin que la première faite se trouve en
ssus ; on les ressuie bien ferme avec le chiffon de laine,

I.

9

et ensuite on les étend pour les faire sécher. Lorsqu'e
sont sèches aux trois quarts, on leur donne un second n
et on les ressuie par-dessus; ensuite on les fait sécher
tièrement. Quand elles sont entièrement sèches, on
corrompt des quatre quartiers, on les essuie de nouve
puis on leur donne une bonne couche de bière qu'on ét
avec une lisière; ensuite on les abat, c'est à dire que
passe l'espare dessus, de queue en tête, en suivant
coup bien exactement; quand les chèvres sont abattues
les déborde sur le chevalet et on les pare à la lunette; qu
elles sont parées, on leur donne un coup de pommelle
deux quartiers seulement, et on étend du lustre des
Cette opération doit se faire très vivement, en retourn
la peau de queue en tête et de travers, et en frottant a
la lisière qui a été imbibée de lustre sans en remettre
nouveau; quand la peau a été éclaircie à la pièce, ce qu
se fait avec du jus d'épine-vinette, on lui passe un coup
roulette de queue en tête, ayant soin de suivre le coup bie
également : c'est ce qui fait monter le vif de l'éclaircissa
ensuite on redresse la peau avec la pommelle, de que
en tête ou de travers, suivant le goût de l'ouvrier; ensu
on recharge la peau sur fleur, avec un peu d'huile de li
et la chèvre est confectionnée.

On emploie plusieurs autres méthodes pour préparer le
chèvres. En voici une qui m'a été donnée par M. Laru
corroyeur, passage du Commerce.

Les chèvres, en sortant de la tannerie, doivent d'a
bord être mises au vent. Cette opération se fait de deu
manières.

La première se nomme *mettre au tonneau* et la second
mettre sur table. Quand, pour préparer des chèvres, o
veut les mettre au tonneau, on commence par étendre d

u avec une brosse, sur la fleur de deux peaux, on les
r ensuite l'une sur l'autre, fleur contre fleur, on les plie
forme de bonnet, puis on les foule avec les talons, ou
n on se contente de les frapper avec le valet.

On les crépit ensuite de queue en tête, et de travers. On
oin de mouiller avec la brosse, par petites parties, et lé-
rement, afin que l'eau ne pénètre pas trop. Après avoir
nsi préparé une douzaine de peaux tout au plus, on les met
ns un tonneau, on verse dessus de l'eau en quantité suf-
ante, mais cependant pas assez pour qu'elle couvre en-
èrement les peaux, et on foule les peaux dans cet état
ec un pilon. En les tirant du tonneau, on les étend sur un
arbre avec l'étire et on les fait sécher. Avant qu'elles
ient entièrement sèches, on les reprend, on humecte la
eur avec une dissolution de potasse qui ne doit pas être
op forte, ensuite on étire les peaux sur chair pour les
ien développer; cette opération terminée, on les *jonce*,
est à dire qu'avec une tresse de jonc roulée et de grosseur
uffisante pour remplir la main, on les frotte avec force,
our les étendre et les bien nettoyer; on les étend ensuite
e nouveau avec l'étire, puis on les essuie avec un morceau
e couverture ou de toute autre étoffe de laine, et on les
met en noir. Pour mettre le noir, on se sert d'une brosse
qu'on passe légèrement sur toute la fleur. Ce noir est fait
avec de la noix de galle, de la couperose (ou sulfate de
fer) et du bois d'Inde. Une once de noix de galle, une
livre de couperose et une pincée de bois d'Inde suffisent
pour un seau de noir. On fait bouillir le tout dans une quantité d'eau suffisante, et quand la dissolution est un peu
faite, on la jette dans un seau d'eau que l'on remue pendant quelque temps.

Quand les peaux ont reçu le premier noir, on les fait sécher.

La manière de mettre au vent *sur table* ne diffère de celle-ci que parce qu'au lieu d'eau on se sert d'une dissolution de potasse, pour humecter les peaux en les crépissant; dès qu'elles sont crépies, on les étire de chair et on les jonce; on les étire ensuite sur fleur, on les essuie, on les met en noir, et on les fait sécher.

Quand les peaux sont sèches, on leur donne un second noir qu'on étend avec une brosse bien dure faite de poils de sanglier; cette opération doit être faite le plus promptement possible. L'ouvrier qui donne le second noir doit frotter avec force jusqu'à ce que ce noir soit bien entré dans les peaux : on doit éviter avec soin de laisser séjourner le noir sur une partie quelconque.

Quand les peaux ont été mises en noir, on les essuie avec un chiffon. Ce chiffon est une bande de couverture de laine roulée autour d'un morceau long de quatre doigts; on peut aussi passer la bande de couverture autour d'une roulette. Après avoir essuyé les peaux, on les corrompt de queue en tête. Il est des corroyeurs qui, au lieu de les corrompre, les rebroussent; et cette méthode est préférable, parce que les dents de la pommelle se marquant sur la fleur, donnent à la peau un grain plus régulier. Cette opération faite, on déborde les peaux sur le chevalet français, avec le couteau à revers, on les pare et on les essuie de nouveau; ensuite on les redresse de queue en tête, ou des deux quartiers, ce qui forme ce qu'on appelle le grain d'orge.

Maintenant on ne redresse en général les chèvres que de queue en tête, et au lieu de grains d'orge, on ne forme sur les peaux que des raies horizontales, ou des barres droites. Ce genre est celui qui plaît davantage.

Quand les peaux sont ainsi redressées, on trempe dans du jus d'épine-vinette un morceau de lisière, qu'on nomme

pièce, et on étend ce jus sur toute la peau en frottant vivement jusqu'à ce que la pièce soit sèche, et que le brillant
commence à monter; alors on se sert de la roulette. On
frotte avec cet instrument d'abord de queue en tête, en
suivant avec soin les coups, et en tenant la roulette d'a-
plomb; on roule ensuite de travers les peaux, on les redresse encore une fois, et on les recharge, c'est à dire
qu'on étend sur la fleur une bonne couche d'huile de lin
bien claire, et les chèvres sont terminées.

159. Autrefois on employait beaucoup de chèvres; c'é-
tait avec cette peau qu'on faisait les souliers d'homme délicats, et pendant l'été on n'en portait presque pas d'autres; mais aujourd'hui les cordonniers ne se servent de peau
de chèvre que pour les souliers de femme; ou pour des
bordures : il s'ensuit que la fabrique de cette espèce de peau
a beaucoup diminué.

DES PEAUX DE MOUTON.

160. Les peaux de mouton sont plus belles en suif qu'en
huile; mais comme elles coûtent plus, et qu'elles demandent plus de temps, on en fait beaucoup moins qu'en huile.

161. Les corroyeurs font des moutons de deux espèces,
le mouton noir, et le mouton blanc. Quoiqu'on choisisse
presque toujours pour le mouton blanc, des peaux qui sont
basses de fleur, ou un peu effleurées, il est cependant des
circonstances où le mouton blanc doit être beau et sain de
fleur, comme, par exemple, quand il est destiné à garnir
l'intérieur des voitures. A la vérité, il peut être fait avec les
peaux les plus communes, quand il ne doit servir que pour
des doublures de souliers, des bordures, etc.

Les corroyeurs de Paris tirent presque tous leurs moutons

blancs de la province ; ils les reçoivent parés, et après
premier travail ils les mettent en noir.

162. Le mouton se prépare de la même manière qu
chèvre en noir, excepté qu'il n'a pas besoin d'autant
crépissage, et qu'on l'éclaircit presque entièrement à
roulette. Cependant comme il est encore dans les dépar
ments des corroyeurs qui tiennent aux anciennes méthode
nous allons donner celle qui se trouve dans le traité
M. Delalande.

163. Pour faire des moutons en noir, on prend d
peaux en croûte, on les mouille, on les bute et on les éten
on les met légèrement en huile de chair et de fleur ; u
livre d'huile suffit pour une douzaine de moutons qui pès
raient dix-huit livres. Quand l'huile est sèche, on met
noir : pour cet effet, on se sert d'abord de potasse pour d
graisser un peu la peau ; quand elle est bien potassée, on
met le noir ordinaire ; mais on le ménage, parce que l'hui
ne donne pas tant de corps que le suif : le noir y percera
plus facilement et rendrait la chair malpropre. C'est un
attention que les bons ouvriers ont toujours dans tout
sortes de peaux, que de tenir propre le côté de la chair
c'est la grâce de la peau, et ceux qui la négligent ont tort.

164. Quand le mouton est noirci, on le redresse de
quatre quartiers de cul en tête avec un pommelle fine. I
faut le redresser pendant qu'il est mouillé, parce que si l
chair était sèche, la pommelle ne prendrait pas, et le grai
ne se ferait pas également. Après l'avoir redressé, on l
met à l'air ; quand il est sec, on lui donne le second noir
on le remet à l'air, on le laisse sécher à cœur, et on lu
donne un troisième noir. Si l'on en travaille plusieurs dou
zaines ensemble, on n'en noircira qu'une à chaque fois
pour les parer tout de suite pendant que le noir humectant

encore la chair, donne une facilité de plus pour parer ; car si la chair était trop sèche, elle s'écaillerait, c'est à dire qu'elle ne serait point unie, et le mouton serait exposé à se déchirer.

165. On ne pare point le mouton comme le veau et la chèvre, mais on y emploie des lunettes d'Allemagne, qui sont plus minces et moins pesantes que celles de Paris ; il ne faut pas que la lunette soit trop aiguisée sur la pierre à l'huile, mais seulement sur un grès qui lui donne un mor-fil ; aussi emploie-t-on plus communément pour cette opération le mot de *gratter* que celui de *parer* ; quand elles sont parées, on les met à l'air pour sécher ; on passe ensuite une pierre à l'huile sur fleur pour foncer le noir, et on les éclaircit.

166. Quand on veut mettre du mouton en suif, on le bute, on le frotte avec la pierre-ponce ; quand il est poncé, on arrose le côté de la chair, c'est à dire qu'on donne un vent d'eau avec un balai ; on le rebrousse avec le liége, on le met en suif ; on le foule à l'eau, de manière qu'il soit bien évidé ; après ce foulage, on le crépit, on l'étend, on le noircit et on le met à l'air.

167. Lorsque la peau est à demi-sèche, on la retient sur chair avec l'étire, on met un second noir, puis on la met à l'air jusqu'à ce qu'elle soit sèche à cœur ; on la corrompt des quatre quartiers, on la rebrousse de cul en tête avec le liége, on la redresse de travers et de cul en tête, on redresse les bordages, ce qui donne de la grâce à la peau, et l'on met une couche de bière pour dégraisser la fleur ; quand la bière est sèche, on éclaircit. Une peau qui a un beau noir et qui est bien claire, a toujours la préférence à mérite égal ; enfin on met la peau à l'air pour la faire sécher ; mais on évite le soleil qui dessèche trop les peaux et

mange leur humeur ; il ne faut pas même les laisser trop
l'air, de peur qu'elles ne se durcissent.

168. Maintenant on fait les moutons en suif absolumen
comme les veaux en suif. Les selliers et les bourreliers so
les seuls qui emploient du mouton en suif : ils s'en serv
pour des housses et la bordure.

DES CUIRS DE RUSSIE.

169. La manière de fabriquer des cuirs de Russie a é
entièrement ignorée en France jusqu'à nos jours ; cepen
dant un corroyeur de Paris, M. Duval, vient de faire à c
sujet une découverte très importante pour notre commerce
car il fabrique des cuirs qui, s'ils n'égalent pas ceux de Rus
sie par l'odeur qui en fait le principal mérite, et par la qua
lité, en approchent de si près qu'on les emploie indistincte
ment, et qu'on ne fait presque plus de différence entre ceu
qui ont été confectionnés en Russie ou en Moscovie, e
ceux qui sortent des ateliers de M. Duval. Ce en quoi cett
découverte est plus importante, c'est qu'elle a fait baisse
de moitié le prix des cuirs étrangers de cette espèce.

170. Voilà ce que je tiens de M. Duval lui-même, et c
qu'il m'a autorisé à publier.

On a pensé long-temps que l'odeur des cuirs dits d
Russie, était produite par l'action d'un tannage particulier
C'est une erreur ; car le tan n'entre pour rien dans cett
préparation aromatique : l'odeur des cuirs n'est due qu'
l'huile empyreumatique de l'écorce de bouleau, rectifiée e
imprégnée d'une manière convenable sur le cuir, et pa
conséquent c'est le corroyeur seul qui donne au cui
et l'odeur et la couleur. Pour donner à l'odeur une suavit
qui ne fait que s'accroître avec le temps, et pour donne

n même temps au cuir une qualité qui est généralement
echerchée, il importe de lui donner une couleur avec du
ois de Brésil, mais il faut avoir soin de l'imprégner d'huile
e bouleau, et de la faire sécher, avant d'appliquer la cou-
eur.

Je crois devoir laisser subsister ce qui suit, afin qu'on
puisse avoir une idée de tout ce qui a été connu jusqu'à
présent, relativement à la préparation des cuirs de Russie.

171. Le cuir de Russie, qu'on appelle aussi quelquefois
par corruption de mot, *vache de roussi*, est un cuir de
vache ou de veau teint en rouge, cylindré, durci, et imprégné d'une huile presque empyreumatique, dont l'odeur
est très forte, mais qui rend la fleur propre à résister à
l'eau. Les selliers estiment beaucoup le cuir de Russie; ils
s'en servaient autrefois pour les dedans de carrosse, mais
maintenant ils n'emploient plus pour cet usage que des ma-
roquins; ils se servent encore de cuir de Russie pour différents ouvrages propres et qui doivent avoir de l'apparence.

172. Pour faire le cuir de Russie, on prend particulièrement des vaches, cependant on emploie aussi des veaux.
On choisit donc parmi des peaux en croûte, les plus blanches, les plus nettes, et les moins défectueuses; on les
trempe dans l'eau, on les bute sur le chevalet avec un couteau rond, on coupe toutes les extrémités et les peaux faibles du ventre qui ne prennent pas bien la couleur, on les
écharne sur le chevalet, on les foule, on les travaille avec
la pommelle, on passe sur la fleur de l'huile de poisson
claire, et sur la chair de l'huile avec du dégras, et quand
les peaux sont sèches on les travaille de nouveau avec la
pommelle.

173. On met ensuite sur fleur, une couche d'eau d'alun
préparée, et pendant que la peau est encore humide, on la

9*

passe au cylindre. Ce cylindre avec lequel on donne
cuir de Russie le grain, ou l'impression d'une multitude
petits losanges, est une machine d'acier, d'environ un pi
de long, sur trois pouces de diamètre; ce cylindre
garni d'une multitude de filets très serrés comme ce
d'une vis, mais disposés en rond, et non en spirale; il
chargé d'une masse de pierres qui pèse trois ou quatre cen
livres; on le promène dans les deux sens, et sur un banc
bois, par le moyen d'une corde qui passe sous un cylin
de bois garni d'une manivelle; la corde passe aussi sur de
cylindres attachés au plancher, et sur un quatrième cyl
dre qui est à l'extrémité du banc. Le cylindre qui porte
manivelle a deux parties séparées, sur lesquelles passent
deux extrémités de la corde en sens contraire : par ce moy
une seule manivelle peut donner au cylindre les deux mo
vements, l'aller et le retour.

Le cylindre est soutenu et dirigé par des barres de
placées le long du banc sur lequel il doit rouler. On éte
le cuir un peu humecté sur un banc, et l'on fait rouler
cylindre sur le cuir : la marque des filets qui sont sur le c
lindre demeure imprimée sur le cuir dans sa longueur.
le retourne, c'est à dire qu'on l'étend sur sa largeur,
lieu qu'auparavant il était sur la longueur, et l'on y fait
nouveaux traits qui coupent les premiers à angles droits
à peu près. L'intersection de ces traits forme sur la fleur
cuir des losanges ou des carrés, que le public veut y voir,
parce qu'il est accoutumé à les trouver sur le cuir de Ru
sie : cette opération si simple est pourtant une chose à la
quelle on attache beaucoup d'importance.

174. Quand la peau a été passée au cylindre, on lu
donne une seconde couche d'eau d'alun ; lorsqu'elle est un
peu sèche, on met sur la fleur l'huile appelée *huile de Ru*

e ; on y met ensuite la couleur rouge ou noire ; on met la peau à un soleil vif pour faire pénétrer la couleur, on remet de la couleur à plusieurs reprises différentes , et à chaque fois on fait sécher la peau ; on continue ainsi jusqu'à ce qu'elle soit bien colorée, pour lors on la foule encore, on la tire à la pommelle , on la pare au plus vif sur le chevalet et à la lunette. Enfin on l'éclaircit en la frottant sur la fleur avec une brosse très rude.

175. C'est, comme nous l'avons dit plus haut, après que le cuir a été imprimé , qu'on y met cette huile de Russie qui doit fortifier la fleur, et durcir la surface de manière à empêcher que l'eau ne la pénètre ; cette huile est une partie essentielle du secret , et nous ne pouvons en dire précisément la composition : nous savons seulement qu'il y entre une huile distillée de *sabine* et de *rue*, deux plantes assez connues. On met les feuilles et les tiges indistinctement à la quantité d'environ trois ou quatre livres, dans des matras de verre qui sont recouverts par des chapiteaux lutés avec du mastic, on allume le feu dessous, et dans l'espace de trente heures que dure la distillation, il passe une ou deux livres d'une huile empyreumatique dont on se sert pour imprégner le cuir de Russie. On prétend qu'on peut aussi employer de l'écorce de bouleau réduite en poudre.

176. La couleur rouge qu'on a aussi coutume de donner au cuir de Russie est encore un secret ; elle est formée principalement avec le bois de Brésil, et surtout celui de Fernambouc ; on sait que ce bois est fort usité dans la teinture : mais on l'emploie avec l'alun et le tartre , sans quoi sa couleur ne serait pas solide : on en tire une espèce de carmin par le moyen des acides ; on en fait aussi de la lacque liquide, pour la mignature. La manière de l'employer pour le cuir de Russie, est de le faire bouillir pendant cinq

à six heures avec d'autres ingrédients que l'on cache sous
plus grand secret. A l'époque où M. Delalande fit son *Tra*
du Corroyeur, les propriétaires de la manufacture de Sai
Germain-en-Laye étaient les seuls qui fissent fabriquer d
cuirs de Russie : ils n'avaient, dit-on, qu'une seule pe
sonne qui eût connaissance du secret, et pour qu'il ne
pas connu, le procédé était conservé dans un dépôt ferma
à plusieurs clefs. La compagnie regardait ce secret comm
étant le plus précieux de ses biens.

177. Le bois de Fernambouc dont on fait usage pour
cuir de Russie est de faux teint comme presque tous l
bois colorés ; la couleur qu'il donne ne résiste pas à l'
preuve du tartre ou du débouilli, mais il résiste assez bi
à l'air et à la pluie ; quelquefois même il acquiert du fond
aussi on fait bien de l'employer pour le cuir de Russie. L
teintures rouges plus solides sont d'un trop grand prix pou
être employées dans cette branche de commerce. Quelqu
fois trois couches de couleur suffisent ; quelquefois on se
obligé d'en mettre dix à douze ; encore ne réussit-elle p
toujours. Il y a de ces cuirs de Russie qui ont toujours u
œil noir sans qu'on en sache la cause.

178. Le cuir de Russie noir se fait avec la même huil
et se passe de même au cylindre ; on lui donne deux ou troi
couches de noir comme aux autres vaches noires ; il e
diffère seulement par le grain, la dureté de la fleur, et l'o
deur que lui communique l'huile de Russie.

179. Le secret des cuirs de Russie fut apporté en France
il y a cinquante et quelques années, par M. Teybert, qui
introduisit aussi aussi dans nos fabriques ia méthode de
cuirs de Valachie et de Transylvanie. Ce M. Teybert, qui
administra long-temps la manufacture de Saint-Germain,
était seul chargé de la confection des cuirs de Russie. Il

ait déposé son secret, qu'il disait avoir appris en Mos-
vie, au péril de ses jours, entre les mains des proprié-
aires qui le gardaient très précieusement. Cependant on fit
eu de cuirs de Russie à Saint-Germain, et on finit même,
près quelques années, par renvoyer M. Teybert avec une
ension de 600 francs seulement ; ce qui prouve que ses
rvices n'avaient pas été d'une grande importance. On
ssure même que M. Teybert ne put parvenir à vendre son
ecret, quoiqu'il l'eût offert à différentes personnes pour une
modique somme de 600 francs.

DÉCOUVERTES IMPORTANTES.

180. Deux découvertes fort intéressantes ont été faites
relativement à la fabrication des cuirs de Russie. On est
maintenant certain :

1° Que l'odeur des cuirs fabriqués en Russie n'est pas
contractée pendant l'opération du tannage, et qu'elle est
ajoutée dans le travail ultérieur de la corroierie ;

2° Qu'une peau tannée avec une écorce astringente quelconque contracte l'odeur aromatique, pourvu qu'on la corroie avec l'huile distillée de l'épiderme du bouleau, et que
c'est avec cette huile empyreumatique que les tanneurs
russes donnent à leurs cuirs l'odeur aromatique qui les fait
rechercher.

181. Il est aussi constaté que l'écorce de bouleau, quoique moins énergique que celle de chêne, tanne aussi complétement, pourvu qu'on l'emploie en quantité suffisante,
et qu'elle a même l'avantage de donner aux peaux une belle
couleur claire.

182. L'écorce de peuplier tanne également bien ; elle est
remarquable par l'odeur agréable et persistante qu'elle com-

munique au cuir. La couleur produite par l'écorce de pe[u]plier est plus brillante que celle que donne l'écorce[du]chêne.

MANIÈRE DE PRÉPARER LES CUIRS ODORANTS DE RUSSIE.

183. La méthode suivante est tirée d'un mémoire pub[lié] à Stockholm par M. Johan Fischerstroem :

Pour débourrer les peaux, on les met tremper dans u[ne] lessive faite avec des cendres et de la chaux vive ; cette l[es]sive doit être étendue d'eau en quantité suffisante po[ur] qu'elle n'ait d'action que sur l'épiderme, et qu'elle ne puis[se] attaquer le tissu de la peau.

184. Quand les peaux sont débourrées, on les lave à [la] rivière pour les bien nettoyer, puis on les foule plus [ou] moins long-temps, suivant qu'elles en ont plus ou moi[ns] besoin. Cette opération, analogue à ce qui se pratique po[ur] le travail du maroquin, a pour objet de dilater mécaniqu[e]ment le tissu cellulaire pour faciliter le gonflement, [qui] s'opère de la manière suivante :

185. Après avoir bien lavé les peaux dans de l'e[au] chaude, on les place dans des cuviers, où elles fermente[nt] pendant une semaine ; on les relève, on les foule, et on [les] remet encore cuver une autre semaine si cela est nécessair[e,] après quoi on achève de les nettoyer en les travaillant d[e] chair et de fleur.

186. Ensuite on prépare une pâte composée (pour de[ux] cents peaux) de trente-huit livres suédoises de farine d[e] seigle, que l'on fait aigrir avec du levain, et que l'on déla[ie] dans une suffisante quantité d'eau.

187. Les peaux séjournent quarante-huit heures dan[s] cette bouillie, et, au sortir de là, elles sont placées dans de[s]

nettes, où elles restent quinze jours, après quoi on les
ve à la rivière.

Là se terminent les opérations préparatoires, dont l'objet
st de disposer les peaux de manière que les sucs astrin-
gents pénètrent dans toutes les parties de leur tissu, et y
exercent une action égale.

188. On fait une décoction d'écorce pilée de peuplier ou
de saule, et lorsque la température est abaissée au point
que les peaux ne puissent se crisper, on les plonge dans la
chaudière, on les manie, et on les foule pendant une demi-
heure ; on les laisse ensuite dans le bain de tan pendant
une semaine, en les travaillant et les foulant deux fois par
jour.

189. Cette opération se répète de la même manière, et
pendant le même espace de temps, avec une nouvelle décoction ; après quoi il ne reste plus qu'à faire sécher les
cuirs, à les teindre et à les imprégner d'huile de bouleau,
ce qui est le travail du corroyeur.

Cette méthode ne peut être employée pour des peaux
minces, comme celle de veaux, de boucs, etc.

190. M. Duval-Duval a trouvé une modification fort
utile pour la fabrique des cuirs de Russie. Elle consiste à
supprimer le jaune d'œuf qu'il employait pour étendre
l'huile plus facilement et éviter qu'elle ne fît des taches. Ce
mode d'opérer, d'une facile exécution, avait l'inconvénient
de diminuer l'odeur recherchée et de l'altérer un peu. M. Duval est parvenu à étendre l'huile d'écorce de bouleau d'une
manière égale, et à imprégner le cuir aussi profondément
qu'il peut être nécessaire, par le procédé suivant :

191. Il fait d'abord complétement imbiber d'eau le cuir,
puis il l'expose à l'air pour lui enlever un excès d'humidité,
et lorsqu'il est suffisamment ressuyé, il étend l'huile et tra-

vaille la peau comme à l'ordinaire. L'eau, en s'évaporant laisse peu à peu l'huile pénétrer d'avantage, et l'odeur est plus forte et plus persistante.

192. Dans la préparation de l'huile de bouleau, il se sépare une partie plus colorée et plus épaisse : cette matière que l'on rejetait comme inutile, est maintenant employée chez M. Duval. Il la fait dissoudre dans l'huile et en imprègne ses cuirs, qui sont garantis par cette composition d'être pénétrés par l'eau. On a observé, en effet, que les cuirs de Russie sont imperméables, et il paraît que cette propriété leur est donnée par l'huile de bouleau dont ils sont imprégnés.

M. Duval emploie ce même moyen pour rendre imperméables les vaches des voitures et les cuirs qui servent pour la chaussure ordinaire.

MANIÈRE DE DISTILLER L'HUILE EMPYREUMATIQUE DE BOULEAU POUR LA PRÉPARATION DES CUIRS DE RUSSIE.

193. Cette méthode a été communiqué par un Suédois nommé Fischerstroem, à qui elle a parfaitement réussi.

On remplit une chaudière de fer d'autant d'épiderme de bouleau qu'elle en peut contenir, on la couvre avec son couvercle qui est bouché, et qui a au centre une ouverture à laquelle est adaptée une tuyère ; par-dessus ce couvercle, on adapte une autre chaudière de même diamètre, et, après les avoir jointes bord à bord solidement, on les lute avec soin, puis on les renverse de manière que l'écorce se trouve occuper la portion supérieure.

194. On enterre à moitié cet appareil, et on recouvre ce qui est en dehors avec un mélange d'argile et de sable ; alors on l'entoure d'un feu de bois, que l'on entretient plus

moins long-temps, suivant la quantité d'écorce soumise à distillation.

195. Lorsque tout est refroidi, on défait le lut avec précaution, et l'on trouve dans la chaudière inférieure une huile ténue qui surnage l'acide pyroligneux, et un peu de goudron si l'épiderme employé n'a pas été parfaitement nettoyé.

Cette huile doit être employée de suite, ou conservée à la cave dans des vases bien bouchés, car son arome est très volatil.

196. On prépare encore cette huile de la manière suivante : On prend de grands pots de terre dont le fond est percé d'un trou, on les remplit d'écorce de bouleau qu'on tasse, afin d'en faire entrer le plus possible, et on les place sur des seaux qui servent de récipients : après avoir allumé l'écorce, on les recouvre avec d'autres vases semblables, aussi percés d'un trou, par lequel s'échappe la fumée; l'huile s'écoule peu à peu par l'ouverture du vase inférieur, et tombe dans le seau qui le supporte. Dans les grands établissements, on préfère les chaudières de fonte.

197. Comme c'est principalement au printemps qu'on se livre à ce travail, quelques distillateurs mêlent à l'écorce une certaine quantité de branches menues de bouleau couvertes de bourgeons. Au moyen de cette précaution, ils facilitent l'écoulement de l'huile qui, en se chargeant d'une moindre quantité de suie, est moins colorée que l'autre. On préfère aussi l'écorce fraîchement recueillie.

198. On exporte de Russie une grande quantité de cette huile. Les Anglais surtout en enlèvent beaucoup dans le port d'Archangel; ils se contentent d'acheter ce principe odorant, qui ne coûte en Russie que 55 centimes le kilogramme, et ils préparent les peaux chez eux. On n'est plus

surpris maintenant de trouver en Angleterre une gran[de]
quantité de cuirs ayant l'odeur du cuir de Russie.

199. Il est démontré maintenant que pour donner
l'huile de bouleau toute la qualité requise, et pour en ob[te]-
nir le résultat désiré, il est nécessaire de la rectifier et de
purifier trois fois ; sans cette précaution, les peaux serai[ent]
souvent tachées, et n'auraient pas l'odeur et la coul[eur]
qu'on recherche.

DES VACHES ROUGES.

200. Le maroquin ou le mouton maroquiné rempla[ce]
maintenant les cuirs de cette espèce presque dans tous l[es]
ateliers, et par conséquent on fait en France peu de vach[es]
rouges ; cependant, comme nous ne devons rien omett[re]
dans notre ouvrage, nous donnerons la méthode de prépar[er]
le cuir rouge telle qu'elle se trouve dans le traité de M. D[e]-
lalande, au moins à très peu de chose près.

201. Pour faire des vaches rouges, on choisit des pea[ux]
en croûte qui soient, s'il est possible, sans défauts, q[ui]
n'aient point de coutelures ni d'égratignures, et dont [la]
fleur soit vive, c'est à dire belle, ferme et bien conservé[e].
Ces peaux ne doivent pas avoir de suif, mais seulement u[n]
peu d'huile claire appliquée très légèrement et sans dégra[s],
seulement pour adoucir la peau.

On commence par défoncer ces peaux, on les draye, o[n]
les foule à l'eau, et on les met au vent comme les cui[rs]
façon d'Angleterre ; on leur donne une couche d'huile su[r]
fleur, et une couche d'huile et de dégras sur chair, puis o[n]
les met sécher : une demi-livre de corps gras suffit pou[r]
une peau.

202. Quand la peau est sèche, on lui donne une couche d'alun avec une brosse, de cul en tête et de travers. Cet alun sert à faire manger le reste de la verdeur de la peau et à passer la peau, comme disent les corroyeurs; enfin il prépare la peau à recevoir la couleur.

203. Quand la peau est en alun, on la foule jusqu'à ce qu'elle soit douce; on la foule à petits plis, on la corrompt les quatre quartiers, on la met à l'air pour faire évaporer l'humidité de l'alun; quand elle est sèche, on la rebrousse avec le liége.

204. Pour faire le rouge, on tire huit seaux d'eau de puits, dans un tonneau très propre; on y met environ dix livres de chaux vive pour s'éteindre. Deux jours après, on prend cette eau sans troubler le marc qui s'est déposé, on la met dans une chaudière de cuivre, on prend du bois de Brésil le plus frais haché, celui qui a le moins d'aubier, et on le fait bouillir à grand feu. Huit livres de bois font deux seaux de rouge, et suffisent pour dix-huit à vingt vaches. On fait bouillir ces deux seaux de rouge jusqu'à ce qu'ils soient réduits à moitié, on retire le premier rouge, et l'on remplit la chaudière avec de l'eau de chaux du même tonneau, qu'on fait de même diminuer de moitié sur le même bois; on mêle ce second seau avec le premier, on y ajoute environ une demi-once de cochenille bien pilée, on la fait bouillir un moment, on la retire de dessus le feu, et pendant qu'elle est encore bouillante, on y jette gros comme un œuf de chaux vive, on la laisse refroidir, et le rouge est alors bon à employer.

205. On donne à la peau la première couche de rouge de cul en tête et de travers, on la remet à l'air, on lui donne le second rouge de la même façon, on la laisse sécher à fond, on la corrompt avec la pommelle, de cul en

tête et de travers, après quoi on lui donne le troisiè[me]
rouge, dans lequel on ajoute un blanc d'œuf.

206. Quand on a donné le troisième rouge, on met [la]
peau à l'air pour la faire essorer, après quoi on la lisse. Po[ur]
que la lisse puisse glisser, on prend un morceau de couv[er]-
ture de laine légèrement huilé, on le passe dessus la pea[u.]
On lisse de cul en tête et de travers, du côté de la fleur, [et]
ainsi se termine la vache rouge.

207. Il est des corroyeurs qui préparent la teinture roug[e]
de la manière suivante : On commence par faire une ea[u]
d'alun, en mettant sur le feu, dans un chaudron, troi[s]
demi – setiers d'eau avec une livre d'alun; il ne fau[t]
qu'un feu médiocre, suffisant pour faire fondre l'alun; aprè[s]
cela on met la dissolution dans une grande terrin[e]; et l'o[n]
verse par-dessus six pintes d'eau commune bien nette[,]
ce qui suffit pour aluner trois douzaines de peaux d[e]
veaux.

208. On prend ensuite trois livres de bois de Brésil ave[c]
un morceau de chaux vive gros comme un œuf; on fai[t]
bouillir le tout à gros bouillons, avec environ quinze pinte[s]
d'eau pendant cinq à six heures. C'est cette décoction qu[e]
les corroyeurs appelle du *brésil*. La peau étant prise a[u]
même état qu'elle doit être pour le noir, on la frotte avec
un morceau de frise ou de laine trempé dans de l'eau d'a-
lun. L'ayant laissé bien sécher, on la frotte avec le brésil[,]
on la laisse sécher encore, on la frotte avec un autre bouchon de frise, on y met une nouvelle couche de brésil, o[n]
la laisse pareillement sécher: enfin on répète tout cela un[e]
troisième fois.

209. La lisse dont quelques corroyeurs se servent pour
les vaches rouges, est faite comme celle dont se servent
ordinairement les marchands de linge pour donner du lustre

urs toiles, et cacher la grosseur du fil en l'aplatissant. Le lisse est comme un ognon de verre de trois à quatre pouces de large sur un pouce d'épaisseur, convexe par-dessus et surmonté d'une espèce de tige ou cylindre de verre qui sert de manche. On fait aussi des lisses où il y a deux poignées, et ce sont les meilleures. Après avoir frotté la peau avec un peu de jus d'épine vinette, on la laisse sécher, ensuite on la lisse fortement, et c'est la dernière façon qu'on donne aux veaux et aux moutons passés en rouge.

210. Les corroyeurs de Paris ne font point de cuir de Russie, mais ils préparent quelques vaches rouges ; ces vaches n'ont point d'odeur, et leur couleur est plus belle, mais moins solide que celle des cuirs de Russie. Les selliers, bourreliers et carrossiers emploient ces vaches, de même que les veaux teints, pour les équipages ; les coffretiers s'en servent aussi.

Une vache rouge pèse ordinairement de dix à douze livres ; mais on ne peut dire au juste ce que vaut le cuir de cette espèce qui ne se vend point à la livre, mais d'après la grandeur et la qualité des peaux.

DU CHAGRIN.

211. Nous terminerons l'*Art du corroyeur* par la peau qu'on nomme chagrin. Cet article ne présentera pas tout l'intérêt que nous aurions désiré, parce que cette espèce de peaux ne se fabriquant point en France, nous n'avons pu nous procurer, à ce sujet, aucune connaissance positive : nous nous bornerons donc à répéter ce qu'en a dit M. Delalande.

212. Le chagrin, d'après ce savant, est une des plus

belles préparations du cuir ; mais on sait très peu de chose à ce sujet. On n'est même pas d'accord sur les peaux avec lesquelles se fabrique le chagrin : suivant les uns, il se fait avec la peau d'un poisson connu sous le nom de *chat-marin*, en sorte que du mot *grain de chat* on a fait celui de chagrin ; suivant d'autres, le chagrin est fait avec des peaux d'âne, de mulet ou de cheval ; enfin Pomey, dans son histoire générale des drogues, assure que la peau avec laquelle se fait le chagrin, est celle d'un petit animal d'une espèce particulière fort commune en Turquie et en Pologne : cet animal, ajoute-t-il, sert comme nos mulets, à porter des bagages, et est employé comme bête de somme.

213. On ne prend que la croupe de la peau, on sème dessus de la graine de moutarde, on l'écrase, et on laisse la peau exposée aux injures de l'air pendant quelques jours, ensuite on la tanne ; mais cette opération est bien différente de celle qu'on nomme tannage dans nos fabriques, car le chagrin ressemble plutôt au parchemin qu'à toutes les peaux corroyées.

214. Les marchands tirent les peaux de chagrin de Constantinople, de Tunis, d'Alger, de Tripoli et même de Pologne. Celui de Pologne, à ce qu'on prétend, est le moins bon, parce qu'il est plus sec et qu'il prend moins la teinture. Le chagrin gris de Constantinople est le meilleur de tous, mais il n'en est pas de même du blanc.

215. Le chagrin qui est très dur étant sec, se ramollit dans l'eau comme le parchemin, et devient alors propre à couvrir différents ouvrages.

On contrefait le chagrin avec du maroquin, mais le faux chagrin est facile à reconnaître, car il s'écorche sous l'ongle, ce qui n'arrive pas au véritable chagrin. Il est reconnu que les peaux tannées n'ont pas la fleur assez dure pour

e du chagrin, et que celles dont on se sert à Constanti-
le, etc., ne sont pas tannées, et qu'elles ont la fleur
n plus dure que toutes les peaux que nous con-
sons.

16. L'auteur de l'*Encyclopédie méthodique* fait un art
ticulier de la fabrication du chagrin. Comme sa méthode
un peu plus étendue que celle de M. Delalande, et que
procédés ne sont pas tout-à-fait les mêmes, nous la
nerons telle qu'elle se trouve dans l'édition de 1790.
Comme M. Delalande, l'auteur dont nous parlons, con-
nt que nous avons peu de lumières, peu d'instruction
r la fabrication du chagrin, et que, dans tous les cas,
us sommes, à cet égard, bien au-dessous des habitants du
vant. Voici au reste comment il s'exprime.

217. « Le chagrinier est celui qui, par la préparation
'il donne aux peaux de chevaux, d'ânes et de mulets,
convertit en chagrin, en les rendant grenées, c'est à
re couvertes et parsemées de petites éminences.

218. » Dès que l'animal est écorché, on réserve la par-
e de la peau qui couvrait la croupe, on l'expose pendant
uelques jours aux injures du temps, on la tanne et on la
asse de façon à la rendre aussi mince que faire se peut ; on
remet de nouveau à l'air après avoir semé dessus de la
raine de moutarde, et l'avoir mise sous une presse, pour
ue cette graine s'y imprime mieux. Lorsque la graine
rend bien, la peau est parfaitement belle : mais quand la
raine ne s'imprime pas également partout, il reste sur la
eau des endroits unis qu'on nomme *miroirs*, ce qui la
end défectueuse.

219. » Cette peau qui durcit beaucoup en séchant, se
ramollit facilement dans l'eau quand elle y a trempé pendant
quelque temps, et par-là devient plus aisée à être employée

par les ouvriers qui en font le plus de consommatio[n]
comme les gaîniers, les relieurs de livres, etc.

» On imite si bien le chagrin, avec du maroquin pas[sé]
en chagrin, qu'on s'y trompe facilement, et qu'on ne s'[a]
perçoit de la fraude qu'après qu'on a mis ce faux chagrin [en]
œuvre ; on le distingue du véritable, en ce qu'il s'écorch[e]
ce qui n'arrive jamais à l'autre.

220. » Le chagrin est susceptible de prendre telle co[u]
leur qu'on veut lui donner. Il y en a de gris, de vert, [de]
noir, de blanc, de rouge, etc. Le rouge est le plus che[r]
à cause du carmin et du vermillon qu'on est obligé d'em[-]
ployer pour le teindre ; celui-là est aussi le plus beau. L[e]
gris qu'on apporte de Constantinople, est cependant l[e]
plus estimé et le meilleur de tous pour l'usage ; le blanc o[u]
le salé est le moindre.

» De toutes les fabriques de chagrin, celle de Constan[-]
tinople est la meilleure ; celles de Tunis, d'Alger, de Tr[i]
poli ne viennent qu'après. Le chagrin qu'on fait en Pologn[e]
est trop sec et n'est jamais bien teint.

221. » Dans le choix des peaux de chagrin, on doit pré[-]
férer celles qui sont grandes, belles, égales, dont les pe[-]
tits grains sont bien formés, sans miroirs, ou sans plac[es]
unies et luisantes. Ce n'est pas que les peaux dont les grain[s]
sont inégaux, ou plus gros, vaillent moins pour l'usé[e]
mais comme l'ouvrage n'en serait pas aussi beau, elles n[e]
sont point de vente. Le chagrin qui est fait avec la pea[u]
d'âne est celui dont le grain est ordinairement le plus beau[,]
et du plus beau noir.

222. » Ce cuir qui est d'un grand usage en Turquie e[t]
en Pologne, dont nos gaîniers se servent pour couvrir leur[s]
ouvrages les plus précieux, se fabrique aussi en France[,]
par quelques uns de nos tanneurs qui tâchent de l'imiter l[e]

eux qu'ils peuvent. Pour cet effet, ils prennent chez les
mégissiers des peaux de mouton ou de chèvre qui ont été
mises en chaux: après les avoir mises en rivière, ou tremper dans l'eau, ils les écharnent, les remettent en rivière et
les écornent, c'est à dire qu'ils les frottent sur le chevalet
avec une écorce, qui est un petit morceau d'une planche
de bois; dès qu'elles sont écorcées, il les remettent à la
rivière, les foulent ensuite, et les façonnent de fleur et de
chair.

»Cette opération faite, on leur donne un coudrement,
c'est à dire qu'on les met de cinquante en cinquante dans
des baquets, dans lesquels on met pour chaque cinquan-
taine un seau de tan la première heure, et un demi-seau
demi-heure par demi-heure, de sorte que le coudrement
soit terminé en deux heures; on les laisse pendant huit
jours dans le tan, après quoi on les tord; après les avoir
tordues, on les *ravale*, c'est à dire qu'on les passe sur un
chevalet avec un couteau rond.

223. »Ce ravalement fini, on les expose à l'air jusqu'à
ce qu'elles ne soient ni trop humides, ni trop sèches; on
les détire de longueur, et après les avoir bien détirées, on
les partage en deux bandes pour les noircir avec du noir de
corroyeur; on les met ensuite sécher, et quand elles sont
bien sèches, on les mouille bien, bande par bande, la première fois; on les remouille ensuite jusqu'à ce qu'elles
soient également partout suffisamment molles, et on les
met enfin sur une planche de bois, large d'un pied et
longue de trois, sur laquelle on les étire en tous sens.

224. »Les peaux ainsi préparées, on fait chauffer des
planches de cuivre gravées en grains, de façon qu'elles ne
soient pas trop brûlantes; on couche dessus les bandes de
peaux de mouton ou de chèvre, et on les met sous une

presse qui, à l'aide d'un moulinet, applique si fort les planches sur les peaux qu'elle leur communique tous les grains de leurs grenures. Cette presse est semblable en tout à celles dont se servent les imprimeurs en taille-douce. »

225. Le chien-de-mer ou la roussette est une peau de poisson encore plus dure que le chagrin de Turquie, mais dont l'aspérité est naturelle : on s'en sert comme d'une râpe pour adoucir le bois.

Nous ne parlerons pas du cuir bouilli, parce que sa préparation n'est pas du ressort des corroyeurs.

Les résidus des corroyeurs ne sont d'aucune utilité : cependant parfois des imprimeurs en taille-douce achètent d'eux des parures de chèvres, dont ils se servent pour nettoyer leurs planches; mais cette ressource est si faible qu'elle mérite à peine d'être désignée.

226. Nous sommes toujours dans la même ignorance relativement à la fabrication du chagrin. Ce qui le prouve, c'est que les auteurs du *Dictionnaire technologique des arts et métiers* n'en disent absolument que ce que nous en avons dit nous-même d'après le traité de M. Delalande et d'après l'*Encyclopédie méthodique.*

227. M. Mérimée a tenté, dit-on, des expériences pour fabriquer le chagrin à l'aide de l'acide pyroligneux brut, c'est à dire imprégné de goudron et d'huile empyreumatique, tel qu'il est fourni par la combustion du bois en vaisseaux clos. On espère qu'il réussira.

PROCÉDÉS POUR TANNER ET CORROYER LES PEAUX DE VEAUX EN CONSERVANT LEUR POIL, ET A LES CAMBRER DE MANIÈRE A CE QU'ELLES PUISSENT SERVIR DE CHAUSSURE, PAR M. PAILLARD-VAILLANT.

228. Les peaux sortant de la boucherie sont bien lavées et dégorgées ; elles reçoivent un travail de couteau sur le chevalet, et sont ensuite fortement broyées avec les plus grandes précautions pour ne pas faire tomber le poil.

229. Après ces premières opérations, les peaux, au lieu d'être mises, comme dans les tanneries ordinaires, dans la poudre d'écorce de chêne, sont trempées librement dans un jus tiré de cette même écorce ; on les lève deux fois par jour, on les essore à chaque fois à l'aide d'une presse, et on les met dans un baquet pour les broyer, toujours avec les mêmes précautions ; on les retrempe après cela dans un jus dont on augmente la force tous les deux jours, et on renouvelle toutes les opérations précédentes jusqu'à ce que le tannage soit parfait ; ce à quoi l'on parvient en moins de six semaines.

230. Les peaux parfaitement tannées, en sortant de la presse, sont replacées sur le chevalet, où, avec le couteau, on enlève les grosses chairs que le tannage aurait pu faire lever ; elles sont ensuite broyées toujours avec les mêmes précautions, puis étendues sur un marbre pour y être bien dégorgées et essorées. Ces opérations faites, les peaux sont disposées pour être mises en nourriture avec des dégras de Niort, de l'huile de poisson et du suif ; puis, avec beaucoup d'attention, on les pose l'une sur l'autre ; on les garde quelques jours dans cet état, afin que la fleur puisse bien se nourrir ; ensuite on les fait sécher, broyer, corrompre et

rebrousser, enfin on les pare avec la lunette , et on le cire avec du cirage anglais.

251. Pour cambrer une peau, on lève les morceaux nécessaires pour cambrer une botte ; ces morceaux, placés sur une table , sont disposés à prendre la cambrure à l'aide d'une ficelle qui se tire. Cette opération difficile demande beaucoup de soin, par la raison qu'on se trouve gêné par le poil. Ils sont placés ensuite sur une forme de bois imitant la jambe, et terminés comme toutes les tiges cambrées en veau dont on fait journellement usage.

FIN DE L'ART DU CORROYEUR.

L'ART

DE FABRIQUER ET DE CONFECTIONNER

LES CUIRS.

TROISIÈME SECTION.

L'ART

DE

FABRIQUER ET DE CONFECTIONNER

LES CUIRS

DE TOUTE ESPÈCE.

Cette partie, entièrement étrangère à la manutention, est cependant, en quelque sorte, la plus importante de l'ouvrage, car elle peut être utile non seulement aux Tanneurs, aux Corroyeurs et aux Hongroyeurs, mais encore aux Parcheminiers, aux Mégissiers, aux Boyaudiers, aux Fabricants de tan, etc., et en général à tous ceux qui s'occupent de la fabrication des peaux de quelque genre qu'elles soient. On y trouvera, avec les moyens de connaître les qualités bonnes et mauvaises des peaux, la désignation des pays d'où l'on tire les meilleures, les préparations qu'elles subissent avant d'entrer dans le commerce, et la manière de les conserver. Nous y établissons la différence qui existe entre les peaux indigènes et celles qui nous viennent de l'étranger; nous y présentons le résultat de l'importation et de l'exportation, avec un tableau des principales foires où se vendent les cuirs et toutes les peaux fabriquées; nous donnons des idées générales sur le commerce tant intérieur qu'extérieur des peaux, sur la manière de fabriquer des étrangers, et sur les découvertes nouvelles.

CONNAISSANCES

NÉCESSAIRES AUX TANNEURS, ET EN GÉNÉRAL A TOUS LES FABRICANTS DE TAN.

1. L'auteur de l'*Art du tanneur*, inséré dans l'*Encyclopédie méthodique*, s'exprime ainsi : « La tannerie, dit-il, est un
» art, car elle est susceptible de beaucoup de perfection, et
» elle ne peut être exercée avec succès, comme elle ne peut
» acquérir la perfection dont elle est susceptible, que par
» une grande connaissance de toutes les sortes de matières
» premières, de tous les procédés et des effets de chacun
» d'eux sur chacune d'elles. Le pays, la manière d'y vivre ;
» l'âge, le sexe, l'état de santé, le temps de la mort des
» animaux, la nature de leur mort, le soin que l'on a pris
» de leur peau ; tout concourt à donner à cette dernière,
» telle apparence, telle disposition à recevoir tel travail,
» telle propriété pour tel usage ; ce que le tanneur doit sa-
» voir et sentir au premier coup d'œil pour déterminer sa
» valeur, sa propriété, et par conséquent le temps, la durée
» et la nature de ses apprêts : tant de connaissances acquises
» méritent à l'homme qui les met en pratique le titre d'ar-
» tiste. Celui qui y apporte de la sagacité, à qui une pratique
» raisonnée fait naître de nouvelles idées, qui, à force de
» méditer, de réfléchir sur son art, en perd de vue les bor-
» nes dans l'immensité de ses propres conceptions ; un tel
» homme est un grand artiste, etc. »

2. On peut d'après cela avoir une idée des connaissances qui sont nécessaires à un fabricant qui ne se borne pas, comme on le fait dans la majeure partie des provinces, à fabriquer du cuir en suivant la méthode ou plutôt la routine de ses ancêtres, mais qui est jaloux d'agrandir le domaine de son art.

Les connaissances dont parle l'auteur que je viens de citer, ne sont pas les seules qui conviennent à un tanneur : car connaître les qualités bonnes ou mauvaises de l'écorce et de tous les autres agents employés pour la fabrication du cuir, l'influence de l'air et des saisons sur telle ou telle préparation, la nature des eaux, savoir les corriger et les rendre telles qu'elles conviennent à telle ou telle espèce de cuir, se former des moyens pour suppléer par le travail aux défauts naturels ou accidentels des peaux, déterminer l'époque où les cuirs de chaque espèce ont reçu assez de nourriture, et où, en conservant toute leur force, ils ont acquis le degré de perfection dont ils sont susceptibles ; juger la capacité de ses ouvriers et le genre de travail qui convient à chacun d'eux ; enfin avoir l'art de conserver les cuirs fabriqués sans qu'ils éprouvent aucune altération et de les vendre en ménageant ses propres intérêts sans blesser ceux du marchand qui les achète, toutes ces qualités sont tellement indispensables chez un tanneur, que sans elles il serait exposé à la perte de son établissement et à l'anéantissement de sa fortune.

3. Si nous voulons porter nos vues un peu plus haut, nous dirons qu'un fabricant distingué peut trouver des ressources immenses, dans presque toutes les sciences, particulièrement dans la connaissance de tout ce qui est relatif au commerce, base fondamentale des spéculations, et surtout dans la chimie, au moyen de laquelle il peut par-

venir à faire des découvertes aussi intéressantes qu'avantageuses.

PEAUX DONT LA PRÉPARATION EST DU RESSORT DU TANNEUR.

4. Les peaux dont la préparation est du ressort des tanneurs, sont les grandes peaux de bœuf destinées à faire ce qu'on nomme du *cuir fort*. Ce cuir, qui sert pour les semelles de bottes et de gros souliers, n'est pas susceptible d'être corroyé ; il est le seul qui sorte perfectionné des mains du tanneur, et qui passe directement de sa fabrique dans le commerce, ou chez le cordonnier qui doit l'employer.

5. Les peaux de petit bœuf, et celles de vache et de taureau. Ces peaux sortent de chez le tanneur en *croûte*, c'est à dire après avoir été tannées seulement, et elles passent en cet état chez le corroyeur qui les prépare suivant l'usage auquel il les destine. C'est avec ces peaux que se fait le baudrier que les cordonniers emploient pour les semelles de souliers minces, et les selliers, pour des panneaux de selles de cheval.

6. Façonnées d'une autre manière, ces mêmes peaux servent aux carrossiers pour faire des impériales de voitures ; aux bottiers, pour des tiges de bottes à l'écuyère; aux boureliers, pour certains harnais de chevaux qui ne demandent pas beaucoup de force, et pour différents autres usages. De là vient qu'on donne différentes dénominations aux vaches ouvrées ; les unes se nomment simplement baudrier, d'autres sont désignées par le nom de vaches en suif, d'autres par celui de vaches en huile, de vaches étirées, de vaches lissées, de vaches en cire, de vaches d'Angleterre, de vaches grises, etc., etc.

7. Les peaux de veau qui se préparent aussi de diffé-entes manières. On distingue les veaux en huile, les veaux en suif, les veaux d'Angleterre, les veaux cirés, les veaux grenés, les veaux d'alun, les veaux à bretelles, les veaux préparés pour faire des cardes, et ceux qu'on nomme à cylindre : ces trois derniers désignent par eux-mêmes l'usage auquel ils sont destinés. Le veau d'alun n'est em-ployé que par les relieurs pour les couvertures de livres ; les veaux en suif servent particulièrement aux selliers, bourreliers et carrossiers; tous les autres, à peu de chose près, passent chez les cordonniers et les bottiers, et servent à faire ou des bottes ou des souliers.

8. Les peaux de cheval. Comme ces peaux ne peuvent jamais faire du cuir fort de bonne qualité, les tanneurs les préparent en cuirs à œuvre, et les vendent en croûte aux corroyeurs qui les rendent propres à faire des tiges de bottes et des empeignes de souliers.

9. Les peaux de chèvre, qui ensuite sont corroyées et passent chez les cordonniers qui en font des empeignes de souliers de femmes, et qui s'en servent également pour de la bordure.

10. Les peaux de mouton. Ces peaux sont mises en noir après avoir été corroyées, servent aux bourreliers et aux selliers. Les fabricants de meubles s'en servent aussi pour couvrir des tables à écrire, celles des secrétaires et autres meubles.

11. Le cuir de Russie. Ce cuir, dont on ne connaît qu'imparfaitement la fabrication en France, sert aux selliers pour faire des panneaux de selles, et aux relieurs pour les couvertures de livres.

12. Les vaches rouges, qui sont à peu près préparées comme le cuir de Russie.

13. Enfin les peaux d'âne et de mulet, dont on fait du chagrin qui est employé par le gaînier.

On voit d'après cela qu'à l'exception du cuir fort, tous les autres sont du ressort du corroyeur, et sont perfectionnés par ses mains.

14. L'hongroyeur fabrique aussi des cuirs de bœuf, de vache, de cheval, de mulet et d'âne; mais la manière dont ils sont préparés, ne ressemble en rien à celle employée par les tanneurs, et leur destination est entièrement différente : on nomme ces cuirs *cuirs de Hongrie*. Ceux qui sont faits avec de grandes peaux de bœuf, sont employés par les carrossiers et les bourreliers; ils servent aux premiers à faire des soupentes et des harnais de voiture; les seconds s'en servent pour les dossières, les reculoirs des chevaux de limon, et, en un mot, pour tout ce qui demande en même temps de la force et de la résistance. Les autres peaux hongroyées s'emploient pour tous les objets qui exigent un cuir plutôt moelleux que ferme.

PAYS D'OU L'ON TIRE LES MEILLEURES PEAUX.

15. Parmi les peaux de bœuf, on distingue celles qui sont indigènes, ou qui sont prises en France, et celles qu'on fait venir de l'étranger. Les peaux indigènes venant du Limousin, de l'Auvergne, du Berri, du Poitou, sont incontestablement les meilleures ; les peaux de la Normandie sont en général plus grandes, mais plus minces, et d'ailleurs d'une qualité inférieure. On attribue cette différence d'abord à la nature du pays qui est plat, et en second lieu à l'abondance et aux sucs des herbes dans lesquelles les bœufs sont engraissés. On prétend qu'une nourriture trop abondante et trop succulente rend les peaux molles et fait qu'elles

nt peu de nerf. Cependant on assure qu'un bœuf du Limousin, qui a resté quelque temps en Normandie, donne le meilleur de tous les cuirs.

16. Les seules peaux étrangères sont celles qui nous viennent du Brésil et de Buénos-Ayres. On ne connaît pas une différence marquante entre les unes et les autres ; on remarque seulement que parmi celles de ces peaux qui paraissent les plus belles et les mieux conservées, il s'en trouve de tellement altérées, que leurs fibres desséchées se désunissent au travail au lieu d'y prendre de la consistance, et que même parfois ces peaux se déchirent. Rien dans le principe ne décèle ces défauts qu'on ne connaît que pendant les opérations nécessaires à leur préparation. Les tanneurs les plus instruits, et qui connaissent le mieux les peaux, peuvent être aussi bien trompés que les ignorants en les achetant. Il arrive souvent que les cuirs du Brésil surtout sont coutelés, ce qui vient ou de la maladresse ou de la négligence de celui qui dépouille les animaux.

17. Il nous vient parfois de la Suisse des bœufs dont les peaux font d'excellent cuir. On remarque particulièrement que la culée de ces peaux est très forte, et qu'elle surpasse en ce genre les peaux de France.

QUALITÉS BONNES OU MAUVAISES DES PEAUX.

18. Dans tous les pays où l'on fabrique des cuirs, on a long-temps regardé et on regarde encore les peaux de vache comme meilleures que celles de bœuf. Tous les tanneurs conviennent qu'elles ont le tissu plus serré ; cependant il y a des distinctions à faire. Il est reconnu que la peau d'une vache vieille, et ayant porté plusieurs fois, ne peut être bonne, parce que cette peau étirée, distendue, a perdu une

très grande partie de sa force, et s'est en quelque sorte énervée ; mais il n'en est pas de même des peaux de taureau ou des vaches qui n'ont pas porté : ce sont là les peaux qui peuvent être regardées comme meilleures que celles de bœuf.

19. Les peaux de taureau sont regardées comme les plus mauvaises ; elles sont en effet toutes creuses et plus minces que celles de bœuf et même de vache. On a remarqué que chez les taureaux toute la force de la peau se portait du poitrail à la tête et au ventre, parties qui sont les plus faibles dans les peaux de bœuf.

M. Delalande a dit que les peaux de taureau étaient les meilleures de toutes, mais il est évident que c'est une erreur qui lui est échappée.

20. En général, on peut dire que la qualité des peaux dépend beaucoup de l'état de l'animal au moment où il a cessé de vivre. Si à cette époque l'animal est malade, s'il est maigre, si, ce qui arrive quelquefois, il a déjà perdu une partie de son poil, sa peau sera nécessairement de mauvaise qualité ; le contraire arrivera si l'animal est en bonne santé, ou meurt d'une maladie prompte, et pendant laquelle il n'a pas eu le temps de perdre son embonpoint. Ce principe peut s'appliquer aux peaux de cheval comme à celles de bœuf ; car la peau d'un cheval gras et vigoureux, mort par accident, sera bien plus belle que celle d'un cheval vieux, maigre, et qui sera épuisé par le travail.

21. Les peaux de veau les plus grandes, les plus belles et les meilleures sont celles qui sortent de chez les bouchers de Paris. La raison en est bien simple, c'est qu'à Paris on ne tue les veaux que quand ils sont âgés de cinq à six mois, tandis que dans les provinces on les conduit à la boucherie presque aussitôt qu'ils sont nés. Dans certaines contrées de

France, on tue des veaux de quinze jours. En général, les veaux sont tout au plus nourris par la mère pendant cinq ou six semaines, et l'on sent que des peaux de cet âge doivent nécessairement être inférieures à celles de Paris.

DES SIGNES AUXQUELS ON PEUT CONNAÎTRE LES QUALITÉS BONNES OU MAUVAISES DES PEAUX.

22. Un tanneur instruit reconnaîtra au premier coup d'œil, parmi un grand nombre de peaux, celles provenant de bœufs ou de vaches morts de maladie; cependant on ne peut donner aucun signe ni aucun caractère auquel on puisse distinguer la bonne ou la mauvaise qualité des peaux de cette espèce, ni des autres : la peau d'un bœuf mort de maladie fait un cuir aussi bon que celle d'un bœuf tué à la boucherie, quand d'ailleurs elle n'a aucun défaut particulier. Voilà sur quoi on est généralement d'accord. Quand une peau a de l'épaisseur et du nerf, qu'elle présente de la fermeté et qu'elle se soutient bien, on juge qu'elle fera un bon cuir; quand, au contraire, la peau est mince, molle ou veule, qu'elle n'a pas de maniement et qu'elle se soutient mal, on présume qu'elle fera un cuir de mauvaise qualité.

DES PRÉPARATIONS PRÉLIMINAIRES QUE LES PEAUX SUBISSENT AVANT D'ENTRER DANS LE COMMERCE.

23. Quand les peaux ne passent pas sur-le-champ de chez le boucher dans la fabrique du tanneur, on est obligé, pour les conserver, de leur faire subir quelques préparations qui sont indispensables. Ces préparations sont ou de

les faire sécher, ou de les saler ; on peut aussi les faire sécher après les avoir salées ; cette dernière méthode est employée pour les peaux qui nous viennent de Fernambouc. Celles qui arrivent de Buénos-Ayres en France étaient autrefois toutes sèches, mais maintenant il en vient aussi qui sont vertes, et par conséquent salées. Les bouchers de province, pour faire sécher leurs peaux, les étendent non au soleil, mais à l'ombre, au grenier et sur des perches. Les peaux de Buénos-Ayres, au contraire, sont séchées au soleil ; les habitants de ce pays, après avoir dépouillé les bœufs, dont ils abandonnent communément la chair, étendent ces peaux par terre, la chair en dehors, et, après les avoir étirées avec des piquets de bois fichés en terre, il les laissent exposés à la chaleur du soleil, et c'est cette chaleur qui cause aux peaux les avaries dont nous avons parlé plus haut.

Les bouchers de Paris qui fournissent des tanneurs demeurant hors de la capitale, livrent ordinairement leurs peaux à des commissionnaires qui les salent et qui les font passer en cet état à leurs commettants.

24. Pour saler une peau de neuf livres, il faut, en été, environ dix livres de sel ; en hiver, il en faut moins, parce que la corruption est moins à craindre. L'auteur de l'*Encyclopédie méthodique* prétend que trois à quatre livres de sel suffisent en été pour une peau ; mais c'est une erreur.

Les peaux étrangères salées sont en général préférables à celles qui sont sèches, parce qu'il est plus facile d'en connaitre tous les défauts.

MANIÈRE DE SALER LES PEAUX.

25. Quand on veut saler des peaux, on les étend à terre,

côté de la chair en dessus ; on les saupoudre de sel, ayant soin d'en mettre davantage sur les bordures et sur les os, qui sont les parties les plus difficiles à s'en pénétrer. Quand les peaux sont ainsi saupoudrées, on les plie en toison, c'est à dire d'abord en longueur patte sur patte ; on replie de la même manière en commençant par les jambages, puis la pointe du ventre vers le dos, ensuite tête sur queue ou queue sur tête ; enfin on fait un pli dans le même sens, qui redouble le tout, et on en forme un carré d'un ou deux pieds. Quand les peaux sont ainsi salées et pliées, on en forme des piles de trois à quatre, et on les laisse en cet état de trois à quatre jours, ou plutôt assez de temps pour que le sel puisse se dissoudre et pénétrer le tissu des peaux. Quand elles sont parvenues à cet état, si on veut les faire sécher, on les étend sur des perches, le côté de la chair en dehors. En été, ces peaux peuvent sécher en huit jours, mais en hiver il faut beaucoup plus de temps.

DE L'IMPORTATION ET DE L'EXPORTATION DES PEAUX.

26. On importe en France une quantité considérable de peaux tant grandes que petites, sèches et vertes ; mais on en exporte très peu. Pour donner une idée de la différence qui existe entre l'importation et l'exportation, nous mettrons sous les yeux de nos lecteurs le relevé du compte rendu, en 1821, au gouvernement par l'administration des douanes.

Importation.

	Nombre de peaux.	Leur valeur.
Peaux fraîches grandes. . .	691,377	483,963 fr.
Id. petites. . .	26,727	24,054
Peaux sèches grandes. . . .	3,218,248	4,183,744
Id. petites. . .	829,680	944,520
Total de l'importation. .	4,566,050	5,636,281 fr.

Exportation.

	Nombre de peaux.	Leur valeur.
Peaux fraîches grandes. . . .	941	658 fr.
Id. petites. . . .	9,255	8,329
Peaux sèches grandes. . . .	5,941	8,911
Id. petites. . . .	12,833	24,382
Total de l'exportation. . .	28,970	42,280 fr.

Récapitulation.

	Nombre de peaux.	Leur valeur.
Importation.	4,566,059	5,836,281 fr.
Exportation.	28,089	42,280
Résultat.	4,857,089	5,594,001 fr.

D'après cet exposé, on voit que l'importation excède l'exportation :

1° Pour le nombre de. 4,537,089

2° Pour la valeur de. . . . . 5,594,001 fr.

27. Depuis quelque temps, le nord de la France regorge de peaux venant de la Belgique, et en général des Pays-Bas. Voilà la cause qu'on en donne : c'est que les Anglais

trouvant pas sur leur propre sol assez d'écorce pour alimenter leurs tanneries, et étant forcés d'en faire venir à grands frais de leurs colonies, en ont acheté dans le royaume des Pays-Bas des quantités si considérables que les fabricants de la Belgique, du pays de Liége, etc., ne peuvent plus en procurer au moins assez pour leur consommation, et dans cette position, ne pouvant fabriquer toutes les peaux fournies par les bouchers, ils les font refluer en France.

DU COMMERCE DES CUIRS.

28. Comme nous l'avons déjà dit dans notre introduction, les cuirs en poil et fabriqués sont une des branches les plus importantes de notre commerce et de notre industrie. On fabrique des cuirs dans presque toutes les provinces de la France, mais particulièrement dans la Normandie, la Bretagne, la Picardie, l'Orléanais, le Blaisois, le Berri, la Touraine, le Poitou, le Dauphiné, etc., et dans un moment où la majeure partie des manufacturiers ou ferment leurs ateliers, ou ne conservent qu'un très petit nombre d'ouvriers, les tanneurs, corroyeurs, hongroyeurs, etc., etc., emploient une infinité de bras, et fournissent des ressources à un grand nombre de familles.

Pour se faire une idée du commerce des cuirs, à Paris seulement, il faut, un jour d'affaires, se porter à la halle, ou faire quelques promenades dans le faubourg Saint-Marceau et tout le long de la rivière des Gobelins. Mais la halle de Paris n'est pas le seul endroit où il se fasse un grand commerce de cuirs; dans plusieurs départements on a institué des foires spécialement destinées aux ventes et aux achats de cette espèce de marchandise. Nous allons donner un état des principales de ces foires.

TABLEAU DES PRINCIPALES FOIRES PARTICULIÈREMENT DESTINÉES
A LA VENTE DES CUIRS.

LIEUX où les FOIRES SE TIENNENT.	DÉPARTEMENTS.	DATE de LA TENUE DES FOIRES.
AVALLON.	Yonne.	1er avril.
BEAUCAIRE.	Rhône.	22 juillet.
REUIL.	Alpes-Maritimes. . .	9 août.
BOURGES.	Cher.	24 décembre.
SAINT-BRIEUX.	Côtes-du-Nord. . . .	La veille de la trinité et le 23 septembre.
BRIGA.	Alpes-Maritimes. . .	7 août.
CHAUDES-AIGUES. . . .	Cantal.	Il s'y tient dans l'année six foires aux cuirs.
CHALONS.	Saône-et-Loire. . . .	30 octobre.
CHARLEVILLE.	Ardennes.	Les 25 octobre et 25 novembre, et le lundi après la quasimodo.
CAEN.	Calvados.	1er lundi de carême.
DILLING.	Moselle.	27 octobre.
SAINT-ÉTIENNE.	Alpes-Maritimes. . .	6 octobre.
GUILLAUME.	Idem.	10 sept. et 10 octobre.
GRENOBLE.	Isère.	22 janvier, 14 août, 14 septembre.
GUINGAMP.	Côtes-du-Nord. . . .	2e jeudi de carême.
GUIBRAI.	Calvados.	Le samedi de la fête-Dieu.
SAINT-LABOUR.	Landes.	24 septembre.
LANNION.	Côtes-du-Nord. . . .	2e jeudi de carême.
LUXEMBOURG.	Pays-Bas.	23 août.
St-MICHEL-EN-GRÈVE.	Côtes-du-Nord. . . .	19 novembre.
MONTMEILLAN.	Mont-Blanc.	10 août.
NICE.	Alpes-Maritimes. . .	24 août.
PEZENAS.	Hérault.	28 mai, 14 septembre et 11 novembre.
PELLERIN.	Loire-Inférieure. . .	15 août et 11 octobre.
QUINTIN.	Côtes-du-Nord. . . .	5 foires dans l'année.
TRÉGUIER.	Idem.	Le samedi de la fête-Dieu.

Les foires de Beaucaire, de Guibrai et de Caen sont connues de l'Europe entière. Il se tient dans différentes autres contrées de la France des foires, où il se vend beaucoup de cuirs, mais elles ne sont pas aussi importantes que celles qui sont comprises dans l'état d'autre part.

DES DIFFÉRENTS AGENTS EMPLOYÉS POUR LA FABRICATION DES CUIRS.

29. Les agents employés pour la fabrication des cuirs, devant produire des effets différents, doivent par conséquent être de natures différentes. Les uns servent à la dépilation et au gonflement des peaux : ce sont la chaux, la farine d'orge et l'eau de tannée. D'autres, tels que le dégras, l'huile et le suif, sont employés par le corroyeur pour donner au cuir du moelleux et de la souplesse. Le tan, ou le tannin, donne aux peaux de la dureté et les rend incorruptibles et imperméables à l'eau. Nous donnerons la nomenclature des différentes substances qui peuvent produire cet effet. La couperose, ou sulfate de fer, est employée avec le bois de Brésil pour donner de la couleur aux peaux ; on encrasse les cuirs, et on leur donne du lustre avec le jus de l'épine-vinette. Le corroyeur emploie aussi, pour différents usages, de la bière, du noir de chapelier et plusieurs autres agents dont nous avons parlé, en donnant la manière de fabriquer chaque espèce de cuir. Le sel et l'alun servent pour la fabrication du cuir de Hongrie ; ces deux substances mélangées, donnent au cuir de la souplesse et de la pourriture, elles l'affranchissent et le disposent à recevoir le suif.

30. Mais l'agent principal, et le plus indispensable, est le tan, ou le tannin. Le tan, dit M. Delalande, est une

poudre astringente et dessiccative, qui donne au cuir de la force et de la dureté. M. Chaptal, dans sa chimie appliquée aux arts, dit : que tanner une peau, c'est la saturer de tannin ou principe astringent des végétaux, et par ce moyen, lui donner de la dureté et la rendre imperméable à l'eau. D'après M. Séguin, le tannin se combine pendant le tannage avec la gélatine qui forme la presque totalité de la peau, de manière qu'il en résulte un corps nouveau qui a des propriétés toutes particulières.

Le tan est une poudre faite avec l'écorce des jeunes chênes. On dépouille les chênes de leur écorce au moment où la sève monte, ce qui arrive assez communément vers le milieu du mois d'avril, parfois plus tôt, parfois aussi plus tard, suivant la température de l'année et la situation des lieux ; mais on sait que quand les boutons des arbres commencent à s'ouvrir, l'écorce s'enlève facilement de dessus le bois.

31. Il y avait autrefois des réglements sévères sur l'époque et la manière d'écorcer les arbres. Il était défendu d'écorcer les bois sur pied dans toutes les forêts dépendant du domaine de la couronne, parce qu'on prétendait que par ce moyen on nuisait à la souche, et qu'on perdait une demi-année de végétation.

M. Buffon a voulu prouver qu'on ne porte aucun préjudice aux forêts quand on a soin de couper les arbres peu de temps après qu'ils ont été écorcés ; cependant peu de personnes sont de son avis.

32. Suivant M. Duhamel, dans sa physique des arbres, la qualité astringente de l'écorce vient des baumes et des résines qui se trouvent en assez grande quantité dans ses vaisseaux propres.

Suivant M. Delalande, la meilleure écorce est celle qui

blanche en dehors avant d'être moulue, rougeâtre dans s intérieur, rude et sèche du côté du bois, cassante, de couleur incarnat, faisant sentir la sève en dedans, et conservant son odeur quand elle est moulue.

On regarde comme mauvaise l'écorce qui, avant d'être moulue, marque par ses crevasses en dehors, qu'elle vient de chênes trop vieux, ou qu'elle a été prise trop près de la racine. On juge qu'elle est trop vieille ou qu'elle a souffert de la pluie quand elle est noire du côté du bois; et on reconnaît qu'elle a perdu sa qualité lorsqu'elle est trop rouge en dedans et qu'elle a une odeur passée. Elle est encore réputée mauvaise quand, après avoir été moulue, elle est sale et crasseuse, et qu'elle paraît filandreuse comme du chanvre.

Cette dernière remarque n'est pas toujours juste, parce que souvent la poudre provenant d'une très bonne écorce, peut être filandreuse; cela dépend beaucoup et du terrain sur lequel sont plantés les bois, et du degré de sécheresse de l'écorce. L'écorce d'un arbre venant dans un terrain gras, sera presque toujours filamenteuse; il en est de même de celle qui n'est pas bien sèche, ou plutôt qui, après avoir été séchée, sera exposée à l'humidité.

33. Il est en France certains pays où les tanneurs ne veulent pas que l'écorce soit tirée de chênes qui aient au-delà de vingt ans; mais en général on pense qu'après trente ans l'écorce est trop vieille.

Les Anglais ne pensent point à cet égard comme les Français, car ils emploient l'écorce quel que soit l'âge des chênes sur lesquels elle a été prise. Seulement quand elle est desséchée et couverte de mousse, ils la font peler grossièrement avec un couteau, ou bien ils la frappent avec un mar-

teau tranchant, et enlèvent ainsi les parties noires et gros-
sières qui recouvrent la partie rouge et active.

On ne doit pas garder long-temps l'écorce quand elle a
été réduite en poudre, d'abord parce qu'elle perd par l'éva-
poration non seulement sa force, mais encore ses parties
balsamiques, et en second lieu parce que l'humidité de l'air
dissout les parties actives et salines qui doivent pénétrer les
cuirs.

34. On pense, et l'expérience l'a prouvé, que les forêts
placées dans un terrain sec et pierreux, et qui sont expo-
sées au levant ou au midi, sont celles dont l'écorce est la
meilleure.

35. On ne peut fixer le prix de l'écorce qui varie d'abord
suivant les localités, et qui ensuite est soumis à une infinité
de chances qu'on ne peut ni prévoir ni éviter. Dans quelques provinces de la France, par exemple dans le Dauphiné, l'écorce est très abondante; mais dans d'autres,
comme dans une partie de la Bretagne, on ne s'en procure
que très difficilement. Les tanneurs de ce pays ont parfois
éprouvé une telle pénurie à cet égard, qu'ils ont demandé
que le bois à brûler fût dépouillé de son écorce avant d'être
mis en vente. Dans l'Orléanais, où il existe des forêts considérables, les tanneurs se sont vus souvent obligés de tirer
de la poudre des autres provinces, parce que la maîtrise
des eaux et forêts avait borné l'exploitation des écorces.

Quelques tanneurs ont chez eux des moulins que font
mouvoir des chevaux, mais on n'en peut citer qu'un très
petit nombre. La majeure partie de la poudre qui s'emploie
à Paris venait autrefois d'Essone, où il existe plusieurs
moulins qui vont par le moyen de l'eau; mais maintenant
en en tire beaucoup de Joigny, et surtout de Sens. En gé-

al la Bourgogne et la Champagne fournissent beaucoup
corce.

36. L'écorce de chêne n'est pas la seule qui produise du
nin. M. Davy a démontré que le cachou, ou terre du
on, est la matière végétale la plus riche en tannin qu'on
naisse.

37. Suivant M. Hatchett, on peut obtenir du tannin en
solvant le charbon, soit végétal, soit minéral, soit ani-
l, dans l'acide nitrique.

Thomas White a essayé de tanner des cuirs avec l'écorce
larix, et son succès a été complet d'après le rapport
il a fait à ce sujet à la Société d'encouragement de Lon-
es. Suivant ce rapport il a mis, dans des fosses à tanner,
peaux de veau avec des écorces de larix seulement, et
es a retirées parfaitement tannées, d'une belle couleur,
pesant plus que si elles eussent été tannées avec de
corce de chêne, quoique le temps du tannage ait été
ins long que celui jugé nécessaire en suivant l'ancien
océdé. Il a fait sur les cuirs forts la même expérience, et
obtenu le même résultat.

Ces différents procédés sont des découvertes faites de nos
urs ; mais on connaît depuis bien long-temps une infinité
autres matières qui servent à tanner.

DES DIFFÉRENTES SUBSTANCES QUI CONTIENNENT DU TANNIN,
ET QUI PEUVENT REMPLACER L'ÉCORCE DE CHÊNE.

39. On tanne le maroquin avec la noix de galle, non seu-
ment en Russie, mais même en France.

En Perse, en Égypte, et dans différents états situés sur
frontières de l'Afrique, on cueille avant sa maturité, le
uit de l'*acacia vera*, et avec ce fruit, qui est d'une qua-

I.

11

lité astringente, on tanne les peaux de bouc et de chèv

Au Levant on tanne les cuirs avec les noix du *térébinth*
quand elles sont encore vertes; on se sert aussi pour
même usage des feuilles du *lentisque*, du *sumac* ou *rh*
de l'arbousier ou *arbutus*, et du micocoulier ou *celtis*.

En Espagne et dans plusieurs provinces d'Italie, on e
ploie le *tamariscus*, le *rhamnus* et le *rhus myrtifolia;* et
Suède l'écorce du saule de montagne, et la plante conn
sous le nom d'*uva ursi*. On emploie encore dans ce pays
arbuste nommé *buxerolles*.

Dans plusieurs provinces de l'Allemagne, on se s
d'écorce de bouleau, et en Silésie d'une espèce de myrti
appelé *rausch*. A Vienne en Autriche, et dans la Hongri
on ne tanne qu'avec une drogue appelée *knoupren*, et q
n'est rien autre chose que la noix de galle.

Les Tartares Kalmouks tannent les peaux de leurs ch
vaux avec le lait aigri de leurs juments.

A la Martinique, on tanne un cuir en six semaines a
le mangle.

On dit que le cuir fabriqué dans la Chine surpasse
force celui qui passe pour le meilleur en Europe; mais no
ne connaissons ni les procédés des Chinois, ni les substanc
dont ils se servent.

Mais, sans parler des pays étrangers, dans la Proven
et dans le Languedoc, où l'on se sert pour tanner les pea
de poudre d'écorce d'yeuse ou de chêne vert, quand l
tanneurs sont pressés de livrer leurs cuirs, ils mêlent
cette poudre de la poudre de redoul qui, en accélérant
tannage, donne au cuir beaucoup de fermeté. Les baies
cette plante peuvent donner la mort aux hommes, et s
feuilles causent un vertige violent aux chevaux qui
broutent. La poudre des branches et des tiges du redoul

oudou sert à tanner les basanes et les peaux de chèvre. M. Linnæus nomme cette plante *coriaria* (myrtifolia) *foliis ovato-oblongis trinerviis.*

On se sert encore en Provence et dans la Guienne des racines de la *garouille* dont on nomme l'écorce *rusque.* L'effet de la garouille est plus ardent que celui du chêne vert, mais il a l'inconvénient de rendre le cuir noir. Les tanneurs ne laissent les cuirs dans cette écorce que six mois tout au plus. A Beaucaire, à Alet, à Limoux, à Castres, à Mirepoix, à Toulouse, etc., on tanne également les cuirs avec la racine de garouille. Cette plante est nommée, dans Linnæus, *quercus* (occifera) *foliis ovatis indicisis spinoso-dentatis glabris.* C'est la garouille qui produit le kermès.

Dans plusieurs provinces de la France, on emploie le chêne vert. Quoique ce chêne soit de deux espèces, on s'en sert indistinctement pour le tannage des cuirs forts et pour celui des cuirs à œuvre, avec cette différence seulement que les premiers restent dans cette écorce une année entière, tandis que les derniers n'y sont laissés que deux mois. L'écorce du chêne vert s'emploie pure et sans mélange.

On tanne encore avec la fleur du sumac, et, suivant M. de Buffon, on peut obtenir de très bons résultats avec des capsules de gland, et même avec de la sciure de bois.

On peut aussi tanner les peaux de vache et de veau avec une liqueur tirée des bruyères de toute espèce, des ronces, des épines noires, des pruniers sauvages, de l'épine-vinette, des berbéris, etc., etc.

40. M. Gleditsch, botaniste célèbre de l'académie royale des sciences de Berlin, et M. Klein, naturaliste aussi très distingué, cherchant à découvrir le moyen de diminuer en Allemagne la consommation du bois de chêne employé à faire de l'écorce, ont imaginé de se servir des plantes qui

se trouvent dans presque tous les lieux profonds et marécageux, et dans ceux qui sont abandonnés, tant ils sont réputés mauvais : avec toutes ces plantes, dans lesquelles ils avaient reconnu des principes terrestres, résineux et gommeux, ils parvinrent à faire d'excellent cuir. Nous donnerons succinctement la nomenclature de ces différentes plantes.

§ 1. PLANTES DONT ON PEUT EMPLOYER POUR LA TANNERIE LES BRANCHES, LES FEUILLES, LES FRUITS, LES SEMENCES, ET PARFOIS LES RACINES.

1° Le prunier sauvage épineux, *prunus sylvestris*. Il faut prendre l'écorce et le fruit avant la maturité.

2° Le saule, *salix vulgaris alba*. Les branches et les feuilles peuvent servir.

3° Le saule aquatique, *salix caprea rotundifoliæ taberna*. On peut employer les feuilles, l'écorce et les branches.

4° Le sorbier, *sorbus aucuparia*. Pour s'en servir, il faut prendre les branches, les feuilles et les fruits avant qu'ils soient murs.

5° Le hêtre ou fouteau, *fagus*. Les feuilles et l'écorce peuvent servir.

6° Le charme, *carpinus*. Les branches, les feuilles et l'écorce.

7° Le néflier sauvage, *mespilus*. Les feuilles, les branches et les fruits avant qu'ils soient mûrs.

8° Le romarin sauvage, *rosmarinum sylvestre*. Les branches seulement.

9° Le cornouiller sauvage, *cornus sylvestris mas*. Les feuilles, les branches et les semences.

10° Les écorces de châtaignier, de peuplier, de noisetier.

11° Les feuilles de chêne.

12° Les feuilles d'aune.

13° Les feuilles de rosier.

14° La racine et la semence d'oseille, *acetosa pratensis*.

15° Les feuilles, les racines et la semence de la grande patience aquatique, *lapathum maximum aquaticum*.

16° La racine de la flambe aquatique, *iris palustris lutea*.

17° La racine du nénufar ou lis des étangs, *nymphæa lutea*.

PLANTES DONT LES FLEURS SEULES OU DONT LES FLEURS ET LES FEUILLES PEUVENT SERVIR POUR TANNER LES PEAUX.

1° La reine des prés, *ulmaria*.

2° La quintefeuille aquatique rouge, *quinquefolium palustre rubrum*.

3° La fougère femelle, *filix ramosa major*.

4° La fougère mâle, *filix non ramosa dentata*.

5° La grande fougère aquatique, *filix palustris maxima*.

6° La bistorte, *bistorta major radice intortâ*.

7° La tormentille, *tormentilla sylvestris*.

8° La grande pimprenelle sauvage des prés, *pimpinella sanguisorba major*.

9° La benoite, *cariophyllata vulgaris*.

10° La benoite aquatique, *cariophyllata aquatica nutante flore*.

11° L'argentine, *anserina officinarum*.

12° La quintefeuille des boutiques, *quinquefolium majus repens*.

13° La petite quintefeuille, *quinquefolium minus repens luteum.*

14° La quintefeuille blanche, *quinquefolium, folio argenteo.*

15° L'aigremoine, *agrimonia.*

16° La prêle, ou queue-de-cheval, *equisetum arvense longioribus setis.*

17° La queue-de-cheval aquatique, *equisetum palustre longioribus setis.*

18° Le pied-de-lion, *alchimilla vulgaris.*

19° La pulmonaire de chêne, *muscus quernus.*

20° La grande ronce, *rubus vulgaris, seu fructu nigro.*

21° La petite ronce, *rubus repens fructu cæsio.*

22° Le fraisier, *fragaria vulgaris.*

23° La filipendule, *filipendula.*

24° La pervenche, *pervinca tragi et tournefortii.*

25° Le ruban d'eau, *sparganium.*

26° L'herbe à coton, *filago, seu impia, dodonæi.*

27° Le pied-de-chat, *gnaphalium montanum flore rotundiore et longiore.*

28° Le bec-de-grue à grande fleur, *geranium sanguineum maximo flore.*

29° Le bec-de-grue de montagne, *geranium batrachioides maximum minus laciniatum folio aconiti.*

30° Le plantain, *plantago.*

31° Le millepertuis, *hypericum officinarum.*

32° La persicaire d'eau, *persicaria acida.*

On pourrait encore citer plusieurs autres plantes dont le dénombrement serait trop long. Nous terminerons en disant que le tan ou l'écorce de chêne est préférable, sous tous les rapports, aux substances dont nous avons donné le détail, et dont on ne ferait usage que dans un cas urgent, c'est à dire dans celui où l'on manquerait d'écorce.

QUELLES SONT LES EAUX LES PLUS PROPRES A LA TANNERIE.

42. On a long-temps discuté pour savoir quelles étaient les eaux les plus favorables à la fabrication des cuirs. Cette question maintenant ne présente plus aucune difficulté, car il est reconnu, au moins par les tanneurs instruits, que toutes les eaux sont bonnes, et qu'à l'exception des eaux ferrugineuses, il n'y en a plus de mauvaises. Nous ne voulons pas dire cependant que, prises dans leur état naturel, toutes les eaux sont bonnes, et qu'elles peuvent toutes, en cet état, être employées indistinctement et avantageusement pour la fabrication de toute espèce de cuir, mais notre but est de démontrer que, par le moyen de l'art, on peut purifier les eaux les plus malsaines, corriger les plus malfaisantes, et leur donner la qualité convenable au genre de cuir pour lequel elles doivent être employées.

Parmi toutes les eaux qu'on peut citer, il n'en est pas une seule aussi malfaisante, aussi chargée de parties hétérogènes, et par conséquent aussi contraire au cuir que celle de la rivière des Gobelins ; cependant avec cette eau on fait d'excellents cuirs ; l'expérience journalière le prouve, puisque tous les fabricants dont les tanneries sont situées sur cette rivière n'en emploient presque pas d'autre, et que personne ne peut nier que les cuirs de Paris ne soient en général d'une excellente qualité. Mais avant d'employer cette eau, on doit la purifier, et voilà comment on y parvient.

On commence par mettre cette eau dans une fosse remplie de tannée entièrement épuisée. L'eau, en filtrant au travers cette tannée, commence à se dégager de toutes ses parties étrangères et à se clarifier. Sortie de cette première fosse, on la met dans une seconde également pleine de tannée, puis enfin dans une troisième, d'où elle sort claire, limpide et entièrement purgée de toutes les matières et de tous les principes malfaisants dont elle était infectée auparavant.

On trouve même en cela un grand avantage, c'est que ces eaux se saturent, dans les fosses, du reste des principes tannants qui se trouvent encore dans la poudre, et qu'elles servent pour les bassements et pour abreuver les fosses.

L'eau de ruisseau, prise trop près de sa source, est ordinairement très vive et très dure, surtout quand cette source sort d'une montagne, et que l'eau coule ensuite lentement à travers les terres ; mais l'eau la plus dure est celle de la majeure partie des puits, car on sait que cette eau ne peut dissoudre le savon qu'après avoir bouilli. Il s'ensuivrait naturellement qu'avec des eaux de cette espèce, on ne pourrait pas préparer ce qu'on appelle de la *mollerie*, c'est à dire des cuirs dont la principale qualité est d'être souples et moelleux, et qui, par conséquent, demandent une eau légère, molle et douce. Cependant plusieurs tanneurs de Paris ne se servent pour les cuirs de cette espèce que de l'eau de leurs puits. M. Gougerot, qui n'en emploie pas d'autre, m'a prouvé que l'eau du sien, qui est assez profond, était peut-être la plus dure qu'il soit possible de trouver, et M. Gougerot fait avec cette eau des cuirs d'une très bonne qualité. C'est que, comme ses confrères, il connaît le moyen de changer en quelque sorte la nature de cette eau, d'en faire disparaître les propriétés nuisibles, et de lui donner les qualités nécessaires à telle ou telle espèce de cuir.

43. Pour atteindre ce but, on emploie ce qu'on appelle des *confits*. Ces confits se font de différentes manières et

avec différentes substances. Les uns emploient des fientes de pigeon ou de poule : celles de pigeon, contenant plus d'alcali, sont regardées comme étant les meilleures. On fait dissoudre ces fientes dans une quantité d'eau suffisante, on verse ensuite la dissolution dans la cuve, et on les brasse avec une pelle pour les bien mélanger avec l'eau. D'autres font les confits avec du son fermenté dans un tonneau, et y mettent ensuite les peaux.

On pourrait de même se servir de l'eau dans laquelle on aurait fait tremper, pour les dessaigner, des peaux, n'importe de quelle espèce.

Nous avons dit à l'exception des eaux ferrugineuses, parce que ces eaux, quelques précautions qu'on prenne, noircissent toujours non seulement la fleur, mais même la totalité de la peau.

Il ne suffit pas de pouvoir changer la nature de l'eau dure et ferme, et d'avoir les moyens de la rendre propre à la fabrication des peaux douces et moelleuses, il faut aussi prouver qu'on peut donner à l'eau douce et légère de la fermeté, de la dureté, enfin toutes les qualités nécessaires pour être employée à la fabrication des gros cuirs ou cuirs forts. Pour atteindre ce but, il suffit de mettre dans cette eau une petite quantité d'acide sulfurique, et d'avoir soin de bien mêler le tout ensemble avec une pelle et un bouloir. C'est au tanneur instruit à déterminer, d'après la nature de ses eaux, la quantité d'acide sulfurique nécessaire. Une expérience journalière prouve que par ce moyen, l'eau la plus douce et la plus molle acquiert de la fermeté, et qu'elle est employée avec tout le succès désirable pour le tannage des cuirs forts.

Puisqu'on peut donner aux eaux dures et fermes de la légèreté et de la douceur, et que d'un autre côté on parvient à rendre dures et fermes les eaux les plus légères et les plus molles, nous avons donc pu dire avec raison que, dans la tannerie, on ne connaissait plus de mauvaises eaux. Les moyens de changer ainsi la nature des eaux, et de les approprier à la fabrication de chaque espèce de cuir, sont d'autant plus importants qu'on trouve rarement, dans la même localité, des eaux douces et des eaux fermes, et qu'alors, dans chaque fabrique, on ne pourrait confectionner en bonne qualité que les cuirs auxquels seraient favorables les eaux dont on aurait la disposition.

MANIÈRE DE FAIRE DISPARAÎTRE LA MOISISSURE.

44. Quand les opérations du gonflement et du rinçage des peaux ne sont pas conduites avec soin, pendant les grandes chaleurs de l'été, les cuirs éprouvent une altération qu'on nomme *moisissure*. M. G. Heger, corroyeur, à Byrnau, en Hongrie, a trouvé un moyen de remédier à cet inconvénient. La moisissure se manifeste par des taches blanches qui non seulement détruisent les cuirs qui en sont attaqués, mais qui se propagent aussi sur ceux qui en avaient été garantis jusqu'alors. On fait disparaître ces taches en passant sur les cuirs de l'acide pyroligneux qui est promptement absorbé, et leur rend toutes leurs qualités. L'expérience a démontré les grands avantages de ce procédé.

PLAN D'UNE BELLE TANNERIE.

45. Pour former un établissement en même temps vaste et commode, il faudrait avoir sur le bord d'une rivière un terrain carré de la contenance d'environ deux arpents. Le plan de l'établissement devrait être pris de manière à ce que le bâtiment principal, c'est à dire celui dans lequel doivent être placés les passements ou bassements, les séchoirs, etc., fût construit sur deux façades dont l'une est à l'est et l'autre à l'ouest, d'abord parce que ces deux vents sont les plus fréquents, et ensuite parce que, comme nous l'avons déjà dit, les cuirs doivent être séchés à l'air, mais non au soleil.

Entre la rivière et le bâtiment, il faudrait laisser un espace de dix pieds que l'on couvrirait seulement avec un appentis, et qui servirait au travail de rivière. On nomme cet endroit une berge.

Il faudrait donner au bâtiment cent pieds de longueur et quarante de largeur ; son élévation serait de deux étages carrés, ayant chacun dix pieds de hauteur ; plus un grenier au-dessus.

Le rez-de-chaussée serait divisé en deux parties, dont l'une de cinquante pieds serait destinée aux bassements pour les cuirs à la jusée ; et l'autre, qui serait réduite à quarante pieds à cause d'un passage de dix pieds qui serait pris sur cette partie, servirait à placer les cuves ou coudrements dans lesquels sont passés les cuirs à œuvre. Au bout de ce passage serait la porte communiquant sur la rivière ou sur la berge.

Dans la première partie on placerait quatre rangs de cuves, les deux rangs extérieurs, c'est à dire ceux qui seraient près du mur, contiendraient chacun dix cuves, et les deux rangs du milieu neuf seulement : l'emplacement de la dixième formerait un passage qui faciliterait la circulation. Ces rangs seraient formés à distance égale, et suffisante pour que le service pût se faire sans jamais être entravé par le concours des ouvriers. Ces cuves auraient cinq pieds de diamètre sur quatre pieds et demi de profondeur, et devraient être enterrées jusqu'à environ un pied ou quinze pouces du bord.

Dans la seconde partie, longue de quarante pieds, seraient établies trente cuves également distribuées sur quatre rangs, et placées à égale distance. Les deux rangs près du mur contiendraient chacun huit cuves et les deux autres, sept pour la même cause énoncée plus haut.

Les deux étages au-dessus formeraient ce qu'on appelle les séchoirs. Le rez-de-chaussée seul devrait être construit en pierres de taille ou en maçonnerie, et les deux étages en pans de bois ; les trumeaux ne devraient pas avoir plus de dix-huit pouces de large, et le restant serait fermé avec des abat-jours prenant du haut en bas, et disposés de manière à pouvoir s'ouvrir et se fermer à volonté ; les solives du plancher devraient être garnies de crochets de fer pour suspendre les cuirs. On réserverait une partie du second étage et le grenier en entier pour y établir un percher sur lequel on fait sécher la molterie ou peaux à œuvre : il serait nécessaire de mettre au premier étage une pierre à battre de dix pieds de long sur quatre pieds de large et cinq à six pouces d'épaisseur : cette pierre, posée sur un massif ou sur

es tréteaux assez forts pour la supporter, servirait à battre
les cuirs : elle pourrait être ou de marbre ou de liais.

A l'une des extrémités du bâtiment, et à dix pieds de
distance du côté de l'avalant ou bas courant de l'eau, on
construirait un second corps de bâtiment de trente pieds de
largeur sur cinquante de longueur. Il serait composé du
rez-de-chaussée, d'un étage et d'un grenier. Partie du
rez-de-chaussée serait employée pour la plamerie, et le
reste servirait à mettre la colle en chaux. Au premier étage
on ferait sécher la colle, et au grenier la bourre. On laisserait à ce bâtiment deux portes, l'une donnant sur la rivière et l'autre sur le passage.

Du côté de la basserie on construirait aussi, à la distance
de dix pieds, un troisième bâtiment également de cinquante
pieds de longueur sur trente de largeur, et composé comme
le précédent du rez-de-chaussée, d'un étage et d'un grenier. Le premier étage servirait de magasin pour le tan, et
dans le grenier on placerait les écorces destinées aux bassements et autres objets. Le bas serait divisé en deux parties :
dans l'une, qui serait la plus proche de la basserie, on éta-
blirait neuf fosses à jus, garnies chacune de leur pompe ;
l'autre partie servirait à vider et à démêler le tan pour le
service des fosses à recoucher.

A la suite du bâtiment de droite on en construirait un
autre qui aurait aussi trente pieds de largeur ; mais on lui
donnerait cent cinquante pieds de long. On ferait dans ce
bâtiment 1° un magasin pour les mottes, ensuite une écurie, puis deux remises. Le magasin à mottes qui aurait
cent dix pieds de longueur serait composé d'un rez-de-
chaussée très élevé, et d'un grenier également très élevé ;
les planchers devraient être faits assez solidement pour supporter le poids considérable des mottes. Au-dessus de l'écu-

rie et des remises, qui auraient quarante pieds en totalité, seraient les greniers pour le foin et la paille, etc. Proche de l'écurie on construirait un puits.

La porte cochère serait placée directement en face de l'entrée du grand bâtiment, et on irait de l'une à l'autre par un chemin pavé de dix pieds de largeur.

Le long du grand bâtiment, du côté de la porte d'entrée, on laisserait un espace de vingt pieds de largeur, qui servirait d'abord au passage et à la circulation nécessaire, et de plus, à déposer quantité d'objets qu'on ne peut placer sur-le-champ dans un lieu convenable.

Sur la gauche, en face de ce même bâtiment, on ménagerait un emplacement de quatre-vingt-dix pieds sur quatre-vingts pieds de largeur, dans lequel on mettrait soixante-douze fosses à recoucher pour le cuir à la jusée. Cet emplacement aboutirait à un mur de clôture qui ferait la séparation du terrain destiné à placer la maison d'habitation du propriétaire, et les aisances qui en font partie nécessaire ; ce terrain formerait à peu près un carré. La maison du propriétaire, si l'établissement se formait dans une ville, pourrait avoir sa face sur la rue, et alors la cour et le jardin seraient placés derrière la maison ; mais à la campagne ou dans un faubourg cette même maison devrait être construite entre cour et jardin. Sur la gauche serait bâti un magasin à cuir qui embrasserait en totalité la largeur de la cour, de la maison d'habitation et du jardin. Ce magasin ne devrait avoir que peu d'ouvertures, et être très clos : on pourrait y pratiquer deux entrées, l'une par la cour du maître, et l'autre donnant sur l'emplacement des fosses à recoucher. La situation du logement du portier dépendrait de la construction de la maison du maître. A droite, en face du grand bâtiment, dans un espace de

arante pieds de long sur vingt pieds de large, on établi-
it dix cuves de refaisage ; ensuite, dans un carré long de
ixante-dix pieds sur quarante, on placerait vingt-huit
sses à recoucher pour la molterie ou cuir à œuvre. Plus
ns, on creuserait une fosse à tannée, et tout autour on
onstruirait des cages à mottes.

On aurait soin d'établir partout où besoin serait des ca-
aux au moyen desquels on conduirait l'eau et le jus de
année dans les basseries, les plains, etc., sans être obligé
e les transporter à bras ; il serait également essentiel de
pratiquer dans les basseries, et partout où l'on jette des
eaux inutiles des égoûts ou conduits, au moyen desquels
ces eaux se rendraient d'elles-mêmes par une pente douce
jusqu'à la rivière.

Comme le terrain employé jusqu'à présent pour les différentes parties de l'établissement ne forme pas la totalité de
deux arpents, et qu'il en reste encore une partie considérable, on pourrait construire sur le bord de l'eau, s'il était
possible, ou autrement dans un endroit éloigné de la fabrique, un moulin à tan, et si ce moulin ne pouvait être
mis en mouvement par l'eau, on le ferait aller au moyen
d'une mécanique ou d'un cheval. A quelque distance du
moulin, on bâtirait des magasins pour l'écorce. En con-
seillant de construire le moulin loin de la tannerie, et les
magasins à écorce dans un endroit éloigné et de la tannerie
et du moulin, nous songeons aux accidents que peut occa-
sioner un incendie. Si tous ces établissements étaient
adhérents, un seul événement pourrait les anéantir tous à
la fois ; en les séparant, au contraire, on obvie à un mal-
heur universel.

Suivant le plan que nous donnons ici, il serait ménagé
non seulement autour de l'établissement en général, mais

autour de chacune de ses parties, des chemins pavés, de dix
pieds de largeur, afin que le service pût se faire dans tous
ses détails sans être jamais entravé par les voitures ou par
le concours nombreux des ouvriers occupés à une infinité
de travaux divers; il serait également bon de creuser des
puits dans différentes parties des cours et des bâtiments.

Comme à chaque opération de la tannerie, de la corroierie et de l'hongroierie, nous avons fait connaître les
différents instruments et ustensiles nécessaires, et que nous
avons réuni les uns et les autres dans des frontispices et des
planches dont nous donnons l'explication, nous nous dis-
penserons d'en présenter ici une nouvelle nomenclature.
Nous renverrons donc nos lecteurs, pour cet effet, soit aux
planches, soit à la table raisonnée des matières qui se trouvera à la fin de notre ouvrage.

TABLE DES MATIÈRES

CONTENUES DANS LE PREMIER VOLUME.

Introduction. v

Première section. — L'ART DU TANNEUR. 1

Du cuir a la chaux. — Du lavage des peaux. 2

Gonflement des peaux. 5

Manière de débourrer ou de dépiler les peaux. 8

Travail de rivière. 12

Du tan et de la manière de coucher les cuirs en fosse. ib.

De la durée du tannage. 21

Du séchement des cuirs. 23

Procédé suivi par les Anglais pour le tannage. 26

Cuir de lunetier. 27

Du tissu et de la qualité des cuirs. ib.

Du cuir a l'orge. 30

Des cuirs façon de Valachie. 39

Manière pour faire tomber le poil. 40

Composition des passements. 42

Manière de gouverner les passements. 50

Des dangers auxquels sont exposés les passements blancs. 52

Des cuirs à l'orge qui se font en Angleterre. 54

Manière de débourrer les cuirs de Valachie. 55

Passement chaud avec du son. 56

Manière de préparer les cuirs au seigle, façon de Transylvanie. 60

Cuirs a la jusée. 62

Manière de débourrer les peaux. ib.

Du gonflement des cuirs à la jusée. — 65

Du gonflement opéré par la levure de bière. — 79

Des cuirs préparés au sippage ou à la danoise. — 80

Avantage du cuir à la jusée sur tous les autres. — 82

Manière de fabriquer les cuirs à œuvre. — 84

Manière de travailler les peaux de veau. — 90

Du tannage des peaux de chèvre et de mouton. — 92

Du cuir de cheval. — 94

Défauts qui se rencontrent dans les cuirs, et signes auxquels on peut les reconnaître. — ib.

Méthode de M. Séguin. — 99

Des peaux humaines. — 102

CUIRS DE PROVENCE. — Manière de préparer les cuirs connus sous le nom de cuirs verts. — 103

Manière de fabriquer le cuir destiné à faire des outres à vin et à huile. — 106

Des cuirs forts vulgairement appelés cuirs rouges. — 107

Des déchets ou résidus. — 109

Du travail des mottes. — 112

DEUXIÈME SECTION. — L'ART DU CORROYEUR. — 117

PREMIÈRE OPÉRATION DU CORROYEUR. — Défoncer les cuirs. — 121

DEUXIÈME OPÉRATION. — Tirer à la pommelle. — 127

Manière d'étirer les cuirs. — 130

Parer à la lunette. — 132

Préparation des cuirs étirés. — 135

Du cuir lissé. — 138

Manière de corroyer les vaches en suif. — 145

Des vaches en huile. — 152

Des vaches en cire. — 160

Des vaches d'Angleterre. — ib.

Des vaches grises. — 164

Des vaches blanches en huile. — ib.

Des peaux de veau. — 165

Des veaux en huile. — 166

Des veaux en suif. — 169

Du veau d'Angleterre. 171

Du veau ciré. 172

Du veau grené. 175

Des veaux à bretelles. 177

Des veaux d'alun à l'usage des relieurs. ib.

Des veaux pour cardes. 188

Des veaux à cylindre. ib.

Manière de préparer les tiges pour les bottes à l'écuyère. ib.

Manière de corroyer les peaux de cheval. 189

Des peaux de chèvre. 190

Des peaux de mouton. 197

Des cuirs de Russie. 200

Découvertes importantes. 205

Manière de préparer les cuirs odorants de Russie. 206

Manière de distiller l'huile empyreumatique de bouleau pour la préparation des cuirs de Russie. 208

Des vaches rouges. 210

Du chagrin. 213

Procédés pour tanner et corroyer les peaux de veaux en conservant leur poil, et à les cambrer de manière à ce qu'elles puissent servir de chaussure, par M. Paillard-Vaillant. 219

Troisième section.—L'ART DE FABRIQUER ET DE CONFECTIONNER LES CUIRS DE TOUTE ESPÈCE. 223

Connaisssances nécessaires aux tanneurs, et en général à tous les fabricants de tan. 224

Peaux dont la préparation est du ressort du tanneur. 226

Pays d'où l'on tire les meilleures peaux. 228

Qualité bonnes ou mauvaises des peaux. 229

Des signes auxquels on peut connaître les qualités bonnes ou mauvaises des peaux. 231

Des préparations préliminaires que les peaux subissent avant d'entrer dans le commerce. ib.

Manière de saler les peaux. 232

De l'importation et de l'exportation des peaux. 233

Du commerce des cuirs. 235

Tableau des principales foires particulièrement destinées à la vente des cuirs. 236

Des différents agents employés pour la fabrication des cuirs. 237

Des différentes substances qui contiennent du tannin, et qui peuvent remplacer l'écorce de chêne. 241

Plantes dont on peut employer pour la tannerie les branches, les feuilles, les fruits, les semences, et parfois les racines. 244

Plantes dont les fleurs seules ou dont les fleurs et les feuilles peuvent servir pour tanner les peaux. 245

Quelles sont les eaux les plus propres à la tannerie. 247

Manière de faire disparaître la moisissure. 250

Plan d'une belle tannerie. 251

FIN DE LA TABLE DES MATIÈRES.

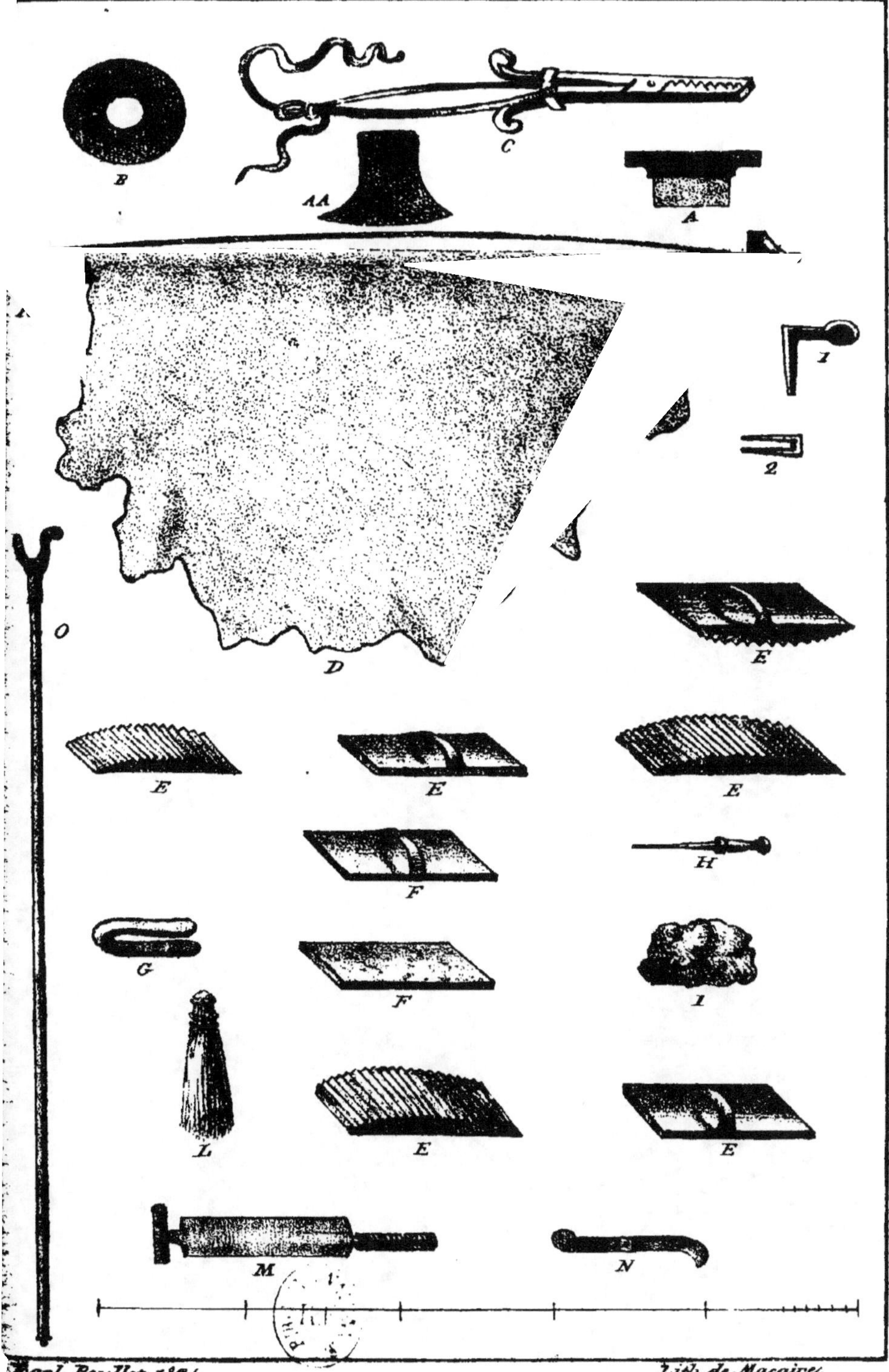

B
C
AA
A
1
2
O
D
E
E
E
E
F
H
G
F
I
L
E
E
M
N

Corroyeur.

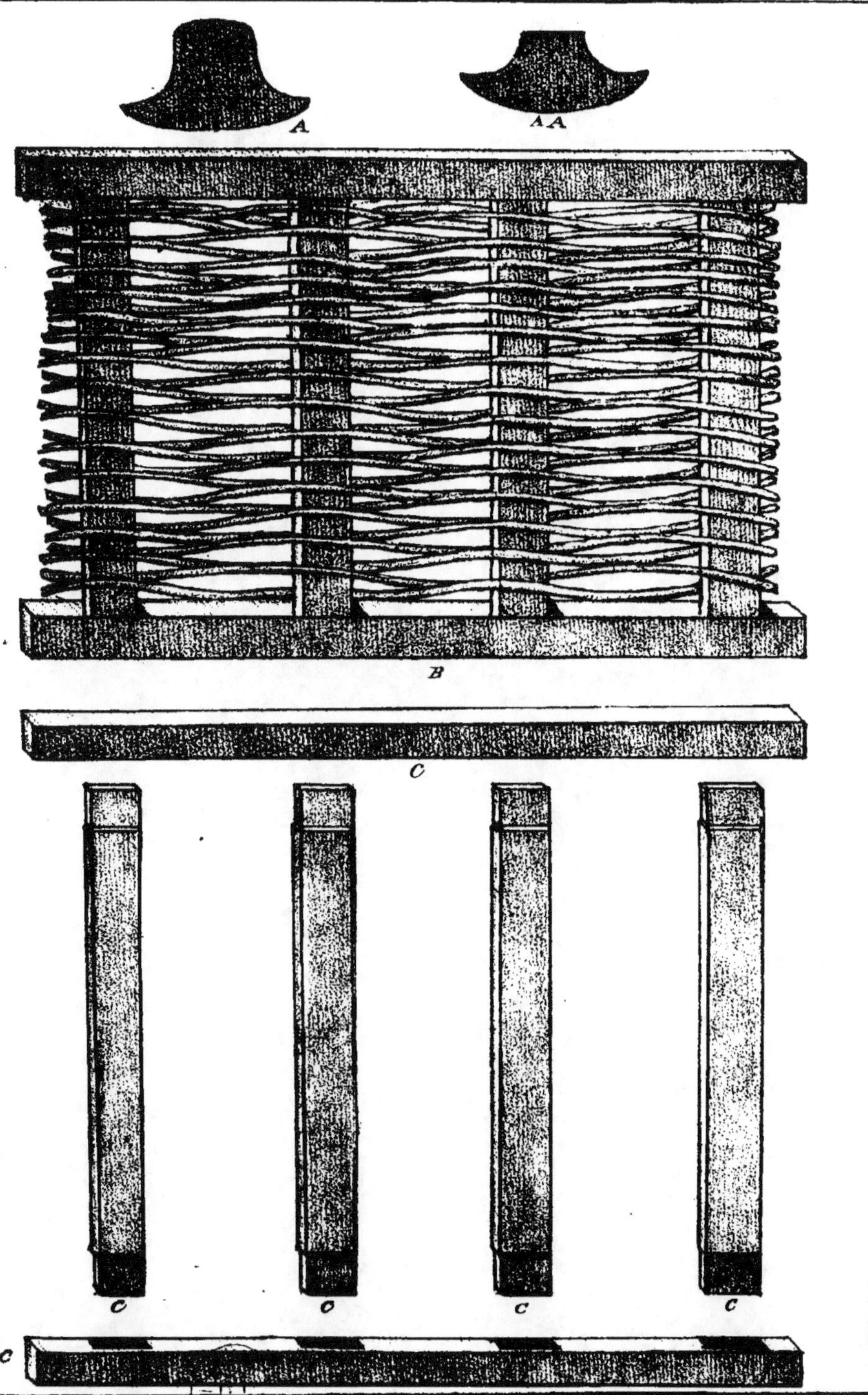

Corroyeur.

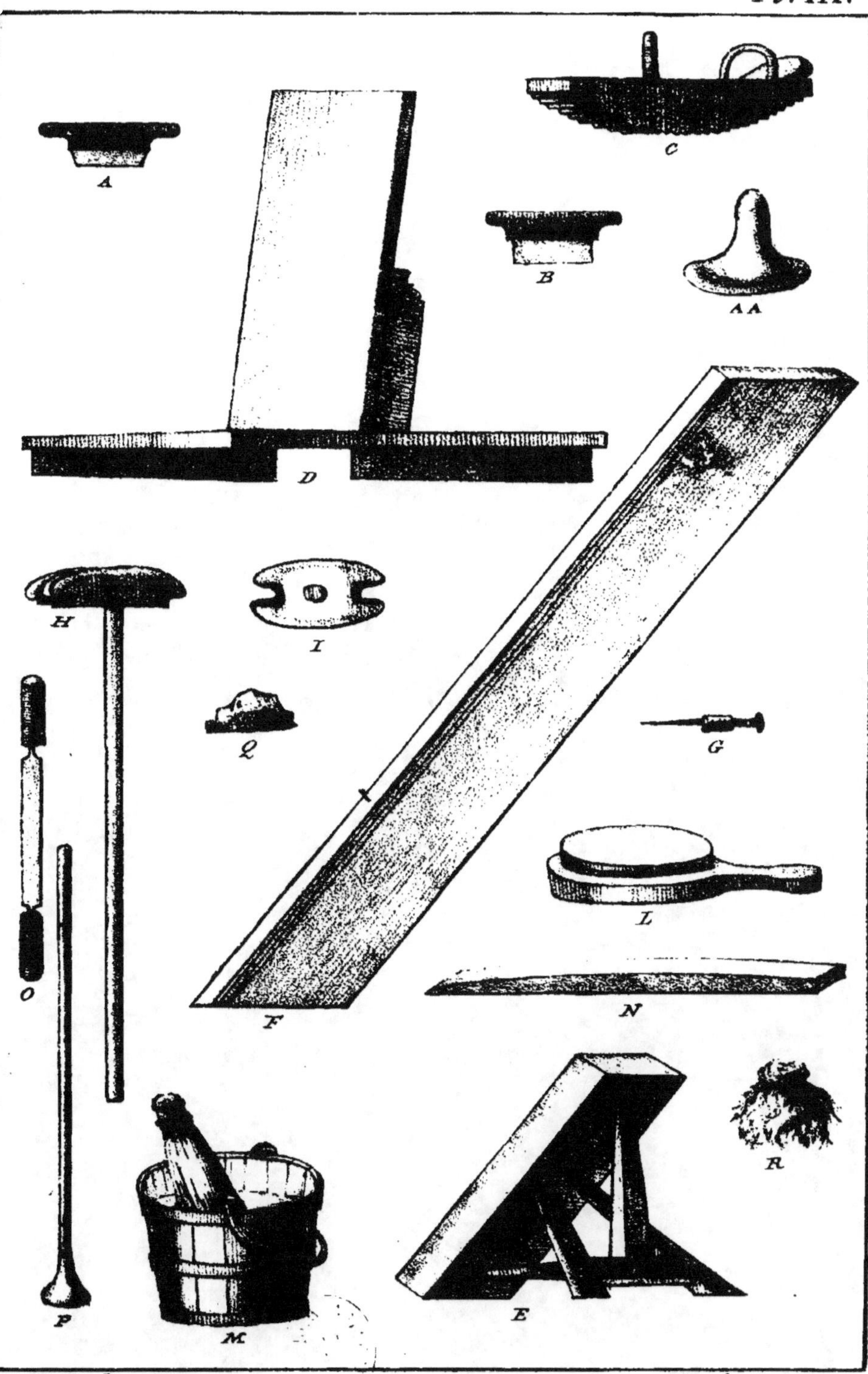

Karl Poullet 1824.

Lith. de Macaire.

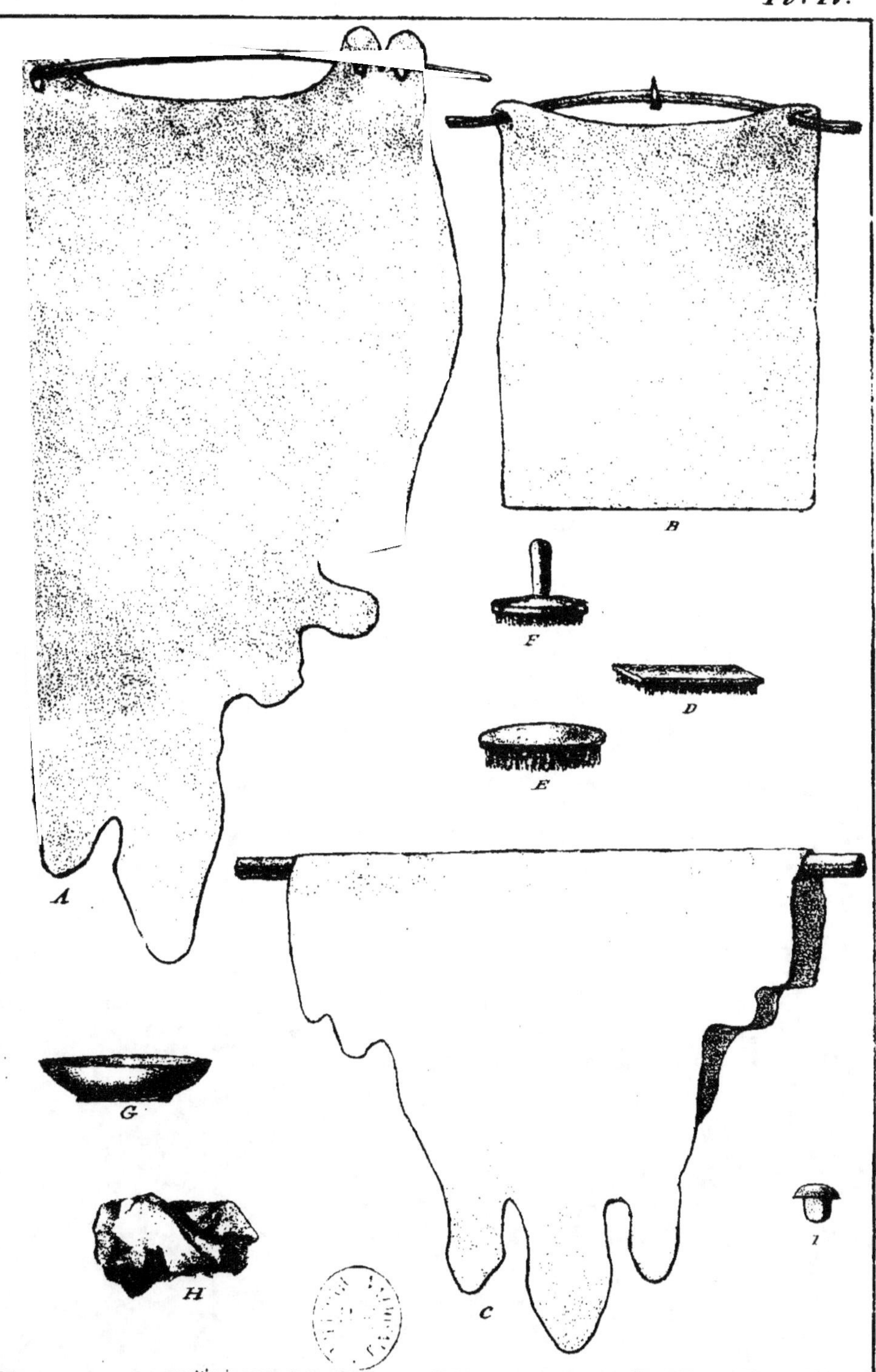
A
B
C
D
E
F
G
H
I

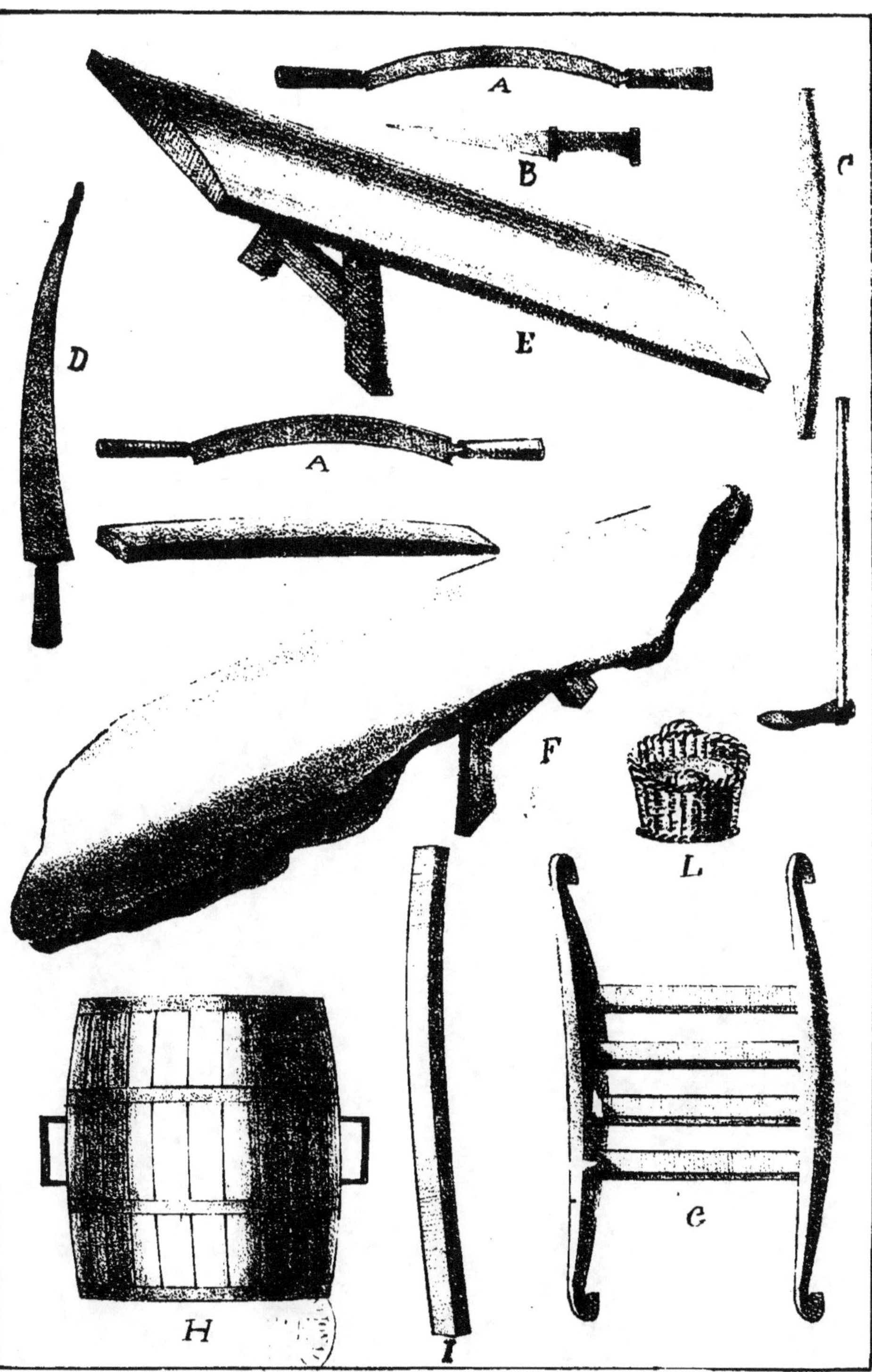
A
B
C
D
E
A
F
L
H
I
G

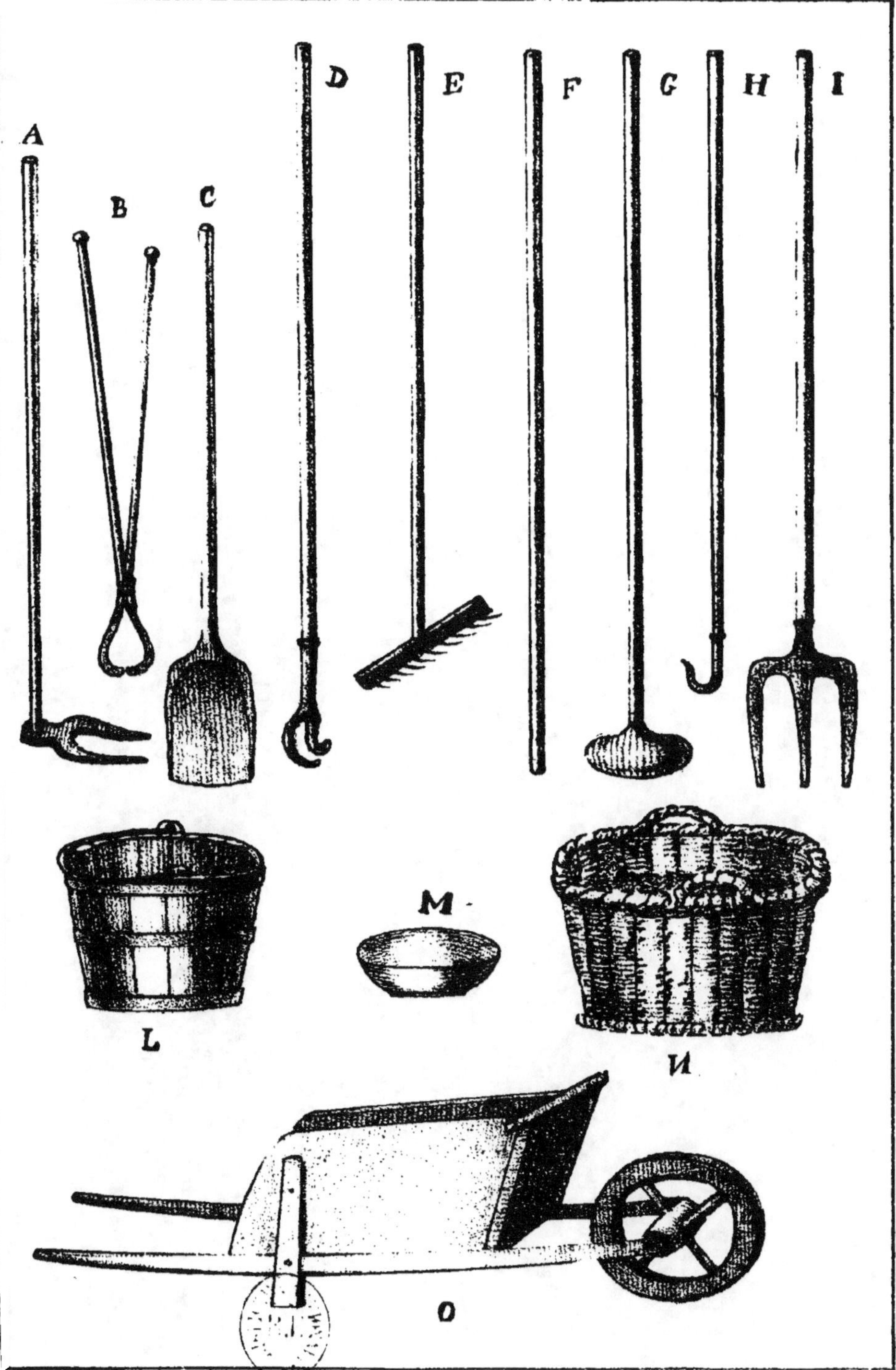

A
B
C
D
E
F
G
H
I
L
M
N
O

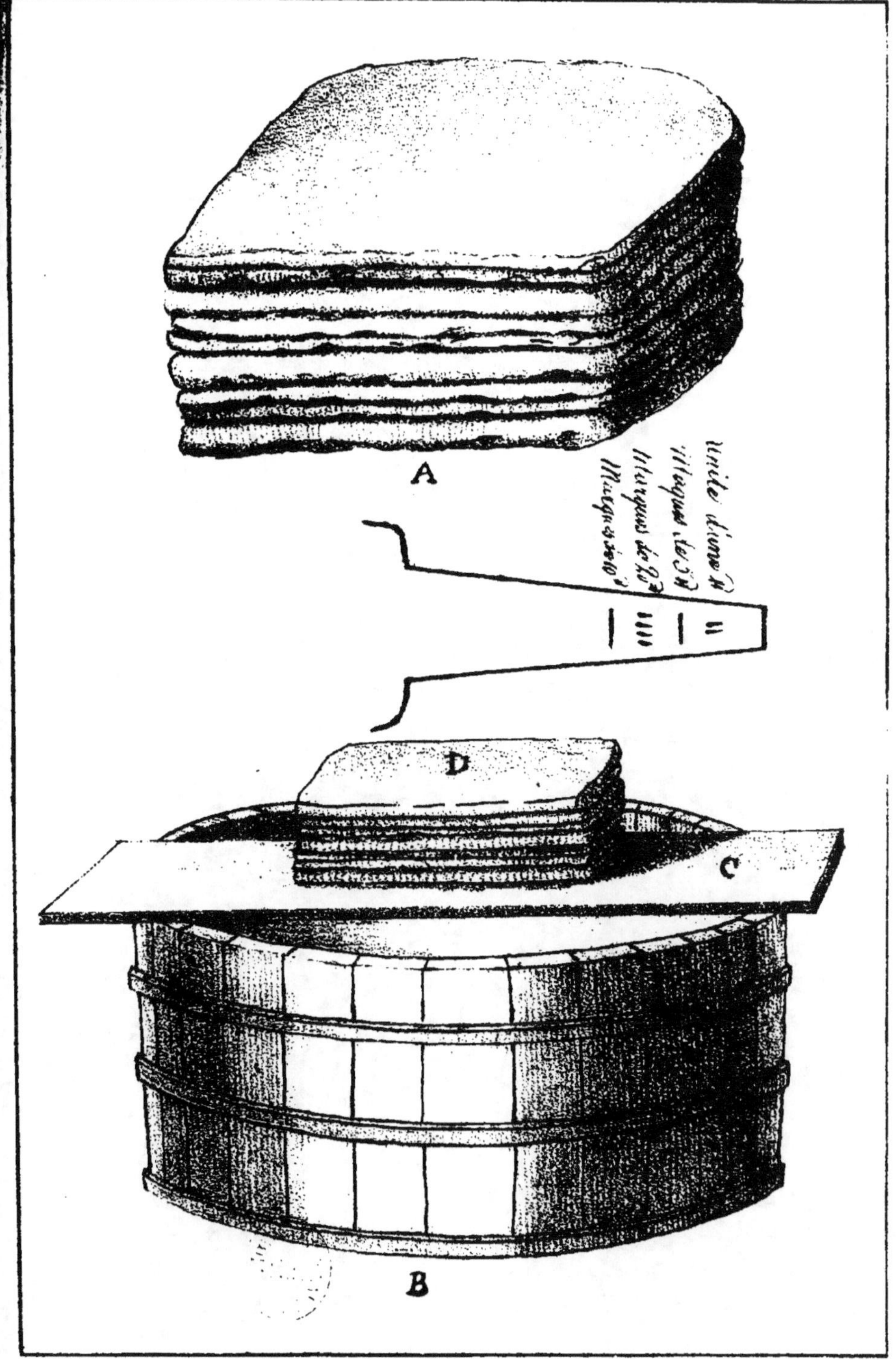

A
D
C
B
unité d'une H
plaque, le 3.H
Marques de 2.H
Marques de 1.H

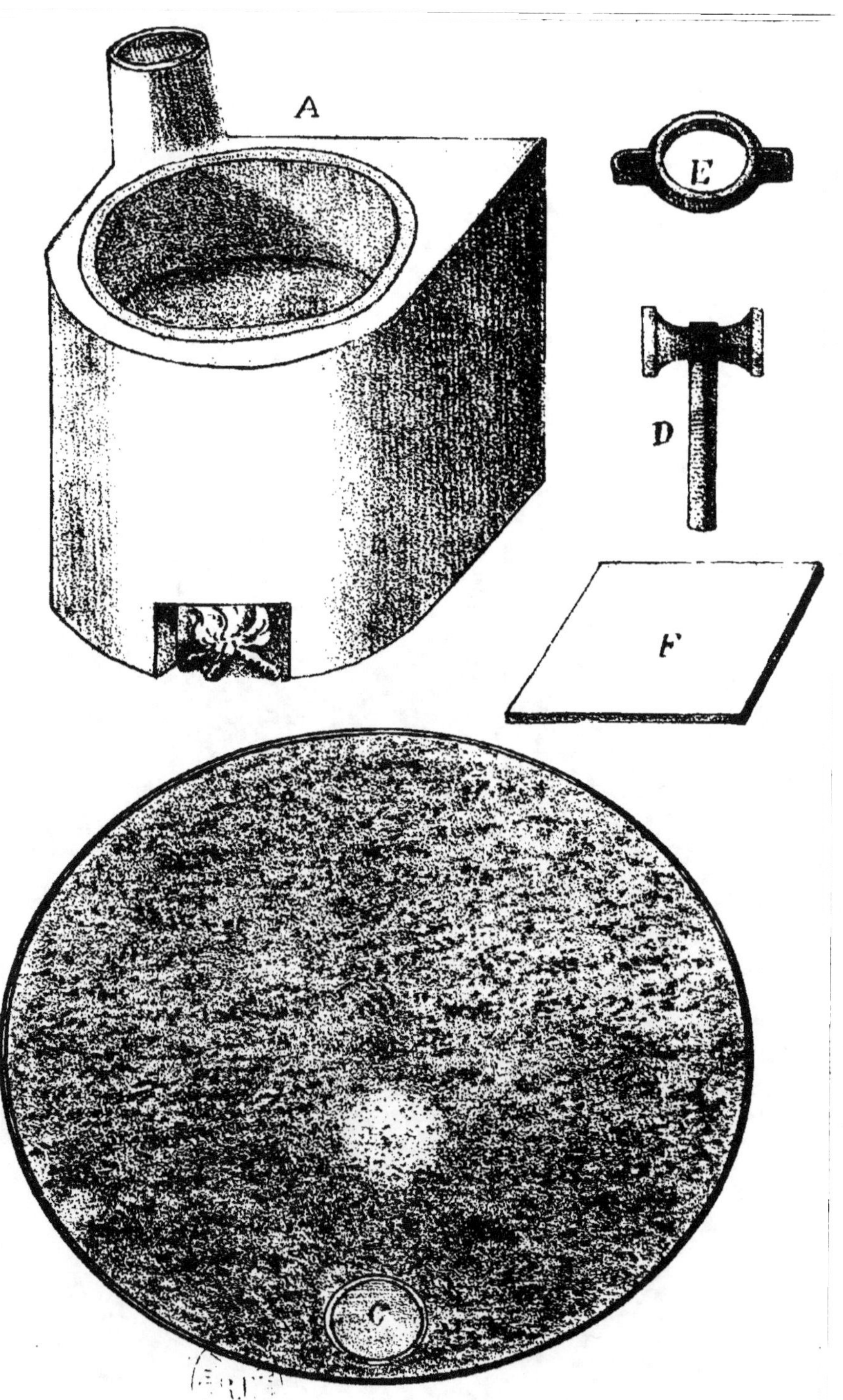
A
E
D
F
B
C

NOUVELLE ENCYCLOPÉDIE

DES

ARTS ET MÉTIERS,

DES SCIENCES ET DES BELLES LETTRES,

OU MANUELS COMPLETS

DU MANUFACTURIER, DE L'ARTISAN
ET DES GENS DU MONDE,

MISE EN RAPPORT AVEC LES AMÉLIORATIONS ET DÉCOUVERTES
FAITES EN EUROPE DEPUIS UN DEMI-SIÈCLE.

COMPOSÉE D'ENVIRON 200 PROFESSIONS.

RÉUNIE EN 100 VOLUMES ENVIRON, BEAU PAPIER, ORNÉE DE FIGURES.

SOUS LES AUSPICES DE MESSIEURS :

CHRISTIAN, directeur du conservatoire des arts et métiers ;
COSTAZ, membre de la société d'encouragement ;
DELABORDE (le comte Alex.), membre de l'institut, ex-membre de la chambre des députés et de la société d'encouragement ;
DELAFOSSE, élève de M. Haüy ;
DEYEUX, membre de l'institut, professeur de chimie ;
DUPIN jeune, membre de l'institut ;
GIRARD, ingénieur en chef des ponts et chaussées, membre de l'institut ;
HACHETTE, professeur de mathématiques, membre de plusieurs sociétés savantes ;
HASSENFRATZ, inspecteur-général et professeur à l'école royale des mines, l'un des auteurs de l'Encyclopédie ;
LEFÈVRE-GINEAU, membre de l'institut et de la chambre des députés, administrateur du collége de France ;
NAVIER, ingénieur et professeur à l'école royale des ponts et chaussées ;
BERARD, membre de la société d'encouragement, maître des requêtes.

SOUS LA DIRECTION D'UN JURY CONSULTATIF, COMPOSÉ DE MESSIEURS :

FORBIN (le comte de), directeur du musée, membre de l'institut ;
FOURRIER (le baron), membre de l'institut, secrétaire perpétuel à l'académie des sciences ;
LAROCHEFOUCAULT - LIANCOURT (le duc de), pair de France, ancien membre du conseil des manufactures, etc., etc. ;
MECHIN (le baron), membre de la chambre des députés ;
PERRIER (Casimir), banquier, membre de la chambre des députés ;
ROARD, manufacturier, membre de la société d'encouragement et du conseil des manufactures ;
SALLERON (Claude), manufacturier, membre du conseil des manufactures et maire du 12e arrondissem. de Paris ;
VAUQUELIN, célèbre chimiste, député ;
JORAND (J.-J.), membre de la société des antiquaires, etc., etc., de la société libre d'agriculture de Rouen, Lille, etc., chargé de la partie dessins et plans de notre Encyclopédie.

Publiée par Émile BABEUF, rédacteur en chef, chargé de coordonner les divers traités, afin d'en former une Encyclopédie des connaissances humaines ;

ET UNE RÉUNION DE SAVANTS LES PLUS DISTINGUÉS.

www.ingramcontent.com/pod-product-compliance
Lightning Source LLC
LaVergne TN
LVHW021534170726
843501LV00004B/1072